疏桩基础理论与实践

管自立 著

中国建筑工业出版社

图书在版编目（CIP）数据

疏桩基础理论与实践/管自立著. —北京：中国建筑
工业出版社，2015.6
ISBN 978-7-112-17671-7

Ⅰ. ①疏…　Ⅱ. ①管…　Ⅲ. ①桩基础-研究　Ⅳ. ①
TU473

中国版本图书馆 CIP 数据核字（2015）第 012880 号

本书以疏桩基础为主题，系统介绍了疏桩基础的基本理论、设计方法及工程实践。
同时，编录作者有关软地基础工程及港湾工程方面的文章，其内容有较好的可读性和
启发性。全书共分三部分：疏桩基础、软土工程、岩土思考，共 18 章。

本书可供土木、建筑工程、港湾工程类专业设计和施工人员在学习应用复合桩基
及地基础设计施工时参考使用，也可作为土木、建筑、港湾工程类大专院校师生、研究
生的参考用书。

责任编辑：王　梅　杨　允
责任设计：董建平
责任校对：李欣慰　刘梦然

疏桩基础理论与实践

管自立　著

*

中国建筑工业出版社出版、发行（北京西郊百万庄）

各地新华书店、建筑书店经销

霸州市顺浩图文科技发展有限公司制版

北京市书林印刷有限公司印刷

*

开本：787×1092 毫米　1/16　印张：13¾　字数：323 千字

2015 年 9 月第一版　　2015 年 9 月第一次印刷

定价：**38.00** 元

ISBN 978-7-112-17671-7

（26895）

序

20 世纪 80 年代初，笔者在承担扩底桩试验研究及水泥石灰加固软弱地基试验研究等课题的同时，由于作为国家标准《建筑地基基础设计规范》74 版修订组成员的工作需要，又承担了对温州软土地基基础处理方法进行调查研究的工作。

记得第一次去温州时，入住刚建成开业不久的鹿城饭店。走近该饭店，但见其外墙窗口下多有八字形裂缝，而其门厅地面则低于人行道面约两级台阶。第二次去温州时入住建成较早的华侨饭店。当晚下雨，次晨下楼但见大堂已淹水盈尺。上述印象至今历 30 余年而记忆犹新。

那次调研工作得到了温州市领导及建筑设计施工部门的热情支持。调研小组由胡显钦（时任副市长）、李凤霖（时任市土木建筑学会理事长）、马云博（时任市建筑设计院院长，不久调任副市长）等领导以及何正筹、钱振荣、管自立、黄云方等市内主要负责工程师等组成。他们在百忙之中介绍情况，提供图纸资料，陪同察看现场，并且几乎无不坚持参加每一次会议，共同分析、讨论研究。

笔者与管自立学弟即是在那次调研工作中相识。由于笔者当时正在华东水利学院（即今河海大学）兼职指导研究生，而自立学弟是华水港工专业的高才生，毕业后留校任教十余年，才在近年调回其故乡温州，从事软土地基设计研究工作。两人忝有校友之谊，相互交流时多了一些话题。

温州是我国著名的软土地区。地表仅有极薄的硬壳层，软土的埋藏浅、厚度大，各项土工指标与浙江的杭州、宁波、舟山及省外的上海、天津、广州、福州等地相比，多以温州的为最差。

自 20 世纪 70 年代后期开始，温州由于旧城改造和经济发展的需要，成片的住宅、商业用房、办公楼及轻工厂房相继兴建，建筑物的层数逐渐增加，新的街区次第形成。而与此同时，伴随而来的是不少建筑物产生了过量的沉降和差异沉降，墙体裂缝几成常事，有的建筑物发生下沉倾斜，造成了近旁道路开裂塌陷，或影响相邻新老建筑物的正常使用或危及安全，有的受影响的工厂甚至长期不能恢复生产。而为处理此类因建筑物下沉而引起的问题或纠纷，温州市建委等有关部门牵扯了很大的精力。温州的软土地基处理的技术问题，已演变成了影响市民生活和生产安全的一个社会问题。

调研工作历时三个月，认真梳理了问题，并根据当时的知识水平，参照国内外有关的经验，提出了一系列建议和措施。

孰料，笔者刚回杭州写完调研报告，即被派往国外承担一项大型工程任务。直到完成该项任务回国，虽常心系温州软土，却一直无缘再去温州。

后约至 1987 年，笔者获悉了管自立学弟倡导的"疏桩基础"的报道，深感欣慰。因当时笔者已学习了墨西哥 Zeevaert 教授关于"补偿基础"的理论，并翻译了他的名著《难处理地基的基础工程》等书，深知墨西哥是世界著名的软土地区，软土的含水率高达

100％以上，因此觉得自立所提出的"疏桩基础"与Zeevaert的"补偿基础"颇有别树一帜而异曲同工之妙。这些创新思维和理念，颠覆了传统的理念，突破了传统设计方法的框框。

随后笔者获悉，我国土力学教育的先行者、我国岩土工程学科的奠基人之一、先师俞调梅教授，以及我国桩基工程领域的前辈施履祥先生、钱家欢先生、童翊湘先生等都对"疏桩基础"的理念和设计实践表示认可、赞赏和鼓励。

几乎与自立提出"疏桩基础"的同时，上海的黄绍铭先生提出了"减沉桩"的理念和设计方法，并做了大量的工程实践。"疏桩基础"与"减沉桩"都是旨在因地制宜地充分发挥地基土、桩和承台以至上部结构的共同作用，虽各有侧重，而其共同目标都是为了节约资源和降低工程造价。这些新的设计方法，必然都会受到学术界和工程界的重视，并付诸工程应用，裨益国家建设。相对于黄绍铭的"减沉桩"，有的学者将管自立的"疏桩基础"称为"协力桩"。

笔者主编的《实用桩基工程手册》（中国建筑工业出版社，1999）、《桩基工程手册（桩和桩基础手册）》（人民交通出版社，2008）以及高大钊教授主编的《岩土工程的回顾与前瞻》（人民交通出版社，2000）等书均对"疏桩基础"分别作了较详细的介绍。即将出版的《桩基工程手册（桩和桩基础手册）》第二版将有3章约25万字阐述复合桩基的理论和设计方法，其中即包括了自立学弟的"疏桩基础"。

自立学弟兼跨学科，理论基础扎实，科研思维活跃，近数十年为祖国各地建设事业贡献良多。

最近，自立学弟拟将其历年发表的有关"疏桩基础"的论文和相关科研成果整理结集出版，他将其全部书稿发来，要笔者审阅指点，并作序评介，此诚快事，而实不敢当。为此，笔者很高兴地回顾了上述"疏桩基础"产生的历史背景，谨以此表示祝贺其大作问世。

是为序。

史佩栋

"七七事变"七十七周年纪念日
于大运河终端·北景菊香·融畅微舍
时年八十有八

史佩栋先生，中国《岩土工程丛书》编审出版委员会主任委员、浙江省建筑科学设计研究院教授、中国工程机械学会桩工机械分会名誉理事长、浙江省建筑业行业协会地下工程分会创办会长

前　　言

本书早在 2010 年已形成初稿框架，但常感有不尽人意之处。2014 年再次对全书内容进行重组，同时以工程应用模式撰写，可以满足不同读者的需求与兴趣，各取所需。全书内容主要取自作者第一性工程实践经验。内容具有真实性、实用性、科学性。最后增写了第 3 部分"岩土思考"篇章，如愿完成本书的撰写并顺利脱稿出版，历时三年有余。全书共分三部分，"疏桩基础"、"软土工程"、"岩土思考"共 17 章。

本书重点论述了软土地基上的疏桩基础及其复合桩基等内容，同时分析了软地基基础的基本特性及其特征，以及岩土工程常见的、难处理工程问题的剖析与应对技术。

通读全书，从中可以了解有关软土地基基础工程设计的基本论点及概念性设计与分析：

一、悟出了"生命土力学"介绍趣味的岩土工程案例、论述岩土工程有关哲学思想及概念性、理论性的分析。

二、提出了岩土工程实施的"蹊路"，归纳于：（1）共同作用与理论分析相结合；（2）理论分析与计算结果相结合；（3）计算结果与判断分析相结合；（4）判断分析与构造措施相结合。运用统筹法与岩土哲学作优化设计，作为岩土工程的实施路径。

三、叙述了疏桩基础由来与发展、提出疏桩基础实用设计方法、总结了"疏桩基础"设计的要点，归纳为两个"八个字"要则：即"长桩疏布、宽基浅埋"与"均衡疏桩、疏而不漏"。

四、论述了基础设计一般性的准则与软弱天然地基的工程隐患与弊端，归纳为"三个怕"即"纵向怕裂、横向怕倾、竖向怕沉"，并分析了基础设计的"必要与充分"的通解条件，提出疏桩基础"双控设计"概要。

五、提出了软地基基础设计的主导思路可归纳为"四句话"：即"以刚制柔"的工程对策；"扬长避短"的技术措施；"因地制宜"的辨证施治；"统筹优化"的方案论证。

六、分析了建于软弱地基上建筑物的受力与形变总特性，归纳为"横向受力、纵向形变"及结构共同作用的"应力、应变释放期"的概念。

七、对软地基上"难处理工程"的大面积堆载工程、大倾斜危房纠偏等，提出了作"共同作用的工况与破坏机理分析"概要。

八、应用弹性力学基本原理与弹性地基基础梁的热莫契金连杆法原理，成功解决若干复杂的工程设计的计算简图，例：疏桩基础工作计算简图、石砌圆形水池设计计算简图、弹性地基上短梁计算简图、天然地基基础梁计算简图。

九、介绍简化计算法、实用计算法一些解题思路，例：柔性高桩台岸壁简化计算法、高桩墩台码头实用设计法、多层土坡稳定分析优选法等。

十、剖析现行淤泥、黏土类地质条件下的地下工程抗浮设计若干问题，提出了永久性地下工程支护结构与地下工程共同作用做设计，可望实现建筑节能。

十一、针对我国沿海围海造地工程崛起，提出了综合处理技术措施，把结构措施与地基处理相结合，提出了倒筏板地坪与地基共同作用。

感谢史佩栋学长对我关心与帮助，欣然同意为本书作序，感谢多年来、多次给作者寄来有关桩基方面的科技情报，同时学习了由他翻译的墨西哥 Zeevaert 教授名著《难处理地基的基础工程》中的"补偿基础"理论；也是促成作者萌发了"疏桩基础"的设计思路。

感谢浙江大学龚晓南院士，温州市建筑设计研究院张清华总工为"刚-柔性复合桩基技术规程"的制定作出的支持。

感谢浙江大学顾尧章教授为积极推广"疏桩基础"，于1992年6月安排作者在杭州科技会堂，给杭州工程界的同仁们作了"疏桩基础"的专题报告（由浙江省地基基础学术委员会组织召开）。

感谢建筑结构编辑部对"疏桩基础设计实例分析与探讨"一文给予作者热诚的支持与鼓励（1992.11.1审稿函：……最后，我们向您为积极推广先进科学技术而付出的辛劳表示敬意！），而记忆犹新，推动作者持续进行"疏桩基础"工程实践。

"疏桩基础"的推广应用，得到中国建筑科学研究院地基基础研究所、温州大学、温州市城乡建设委员会关注与支持，于1990年与温州市建筑设计院共同申报浙江省自然科学研究项目"疏桩基础应用研究"（见附录5）。

感谢岩土工程前辈：同济大学俞调梅教授、河海大学钱家欢教授、上海民用设计研究院顾问总工施履祥学者、浙江工业大学史如平教授（见附录4）等在百忙中就"疏桩基础"论文（1987年浙江省建筑年会交流资料）提出了许多宝贵的意见及建议。

同时感谢温州市建筑设计研究院，温州市民用建筑规划设计院，浙江同方建筑设计有限公司，温州市城建设计院，浙江华东建设设计有限公司的热情支持。

感谢林为哨高级工程师协同进行多项的工程实践，并取得了成功经验。

感谢中国建筑工业出版社王梅主任对本书的内容与目录作相关修正及审定。

本书内容由温州同力岩土工程技术开发有限公司管光宇经理进行整理与部分修改。

由于作者水平有限与工程实践的局限性，书中难免有错误和不当之处，敬请读者批评指正。

管自立
于甲午年九月初六

目　　录

第三部分　岩土思考

第一部分　疏桩基础

第一篇　基本理论

疏桩基础是建立在桩、土共同作用的基础上，在工程实践中发展起来的。本篇较系统地介绍了疏桩基础的由来与发展、设计原理、现场试验及有关工程案例分析。相对于常规概念桩基础而言，疏桩基础还处在初始发展阶段，许多问题还有待更多志同道合者去研究、去开发、去实践。

第1章　概　　论

1.1　概述

近年来随着桩、土共同作用的理论发展，出现了一种具有比常规设计的桩基用桩量要少，桩的间距比常规桩基础要大，上部荷载由桩基与桩间土（天然地基）共同承担的桩基础，称为疏桩基础。实质上，它是桩基技术的发展，是天然地基基础的延伸，是桩基基础与天然地基之间的一种过渡型的基础形式。

我国著名岩土工程前辈河海大学钱家欢教授于 1988 年 5 月 1 日就"疏桩基础"[1]一文指出"…关于疏桩基础，对于沉降不很重要的建筑物，是可取的。如果布置不妥而引起较大差异沉降建筑物容易裂缝，所以疏桩可以不同程度的"疏"来采用，确保沉降或差异沉降的安全，事实上疏桩如果疏到没有桩，那就是以筏式基础来代替"[见附录 2]。

疏桩基础顾名思义是对桩基础进行疏化，当把"疏"字，作为副词理解是稀少的含义，可以理解为"少桩基础"。当把"疏"作动词理解是对桩基础作疏化、精减的处理，可以不同程度地疏。"疏"、桩的数量可减少，间距可放大。"疏"、单桩的承载力可提高，桩控制沉降功能可发挥。所以，疏桩基础"疏"是关键。

随着对桩基础进行疏化，地基土桩的含量自然就不同，疏桩基础的工作性状与特性随着桩的含量不同而不同；这就符合"量变到质变"的定律。所以研究疏桩基础必须引入疏桩率 η 概念。并用式（1-1）表示基础的用桩率，并称 η 为疏桩率。

$$\eta = (N_p - N_{sp})/N_p(\%)$$

(1-1)

式中　N_p——常规方法设计的总用桩重（根）；

N_{sp}——疏桩基础设计的总用桩量（根）。

上式的疏桩率 η 物理意义就是疏桩基础用桩量对比按常规桩基础、减少的百分率。当基础疏桩率等于零时（$\eta=0$），就是常规的桩基础；当基础疏桩桩率等于 100 时（$\eta=100$），就是常规的天然地基。当 $0<\eta<100$ 时，就是疏桩基础，所以说疏桩基础是由天然地基基础向桩基础过渡的过渡型基础。

1.2 在我国的起源

桩基技术发展同步于人类文明史，我国余杭县河姆渡发掘木桩遗址是见证我国具有五千年文明史，今天的基桩不只是桩技术的专有，已发展用于地基处理。同样，地基处理技术发展，也不只是地基处理专有，已发展用于桩基技术。这种交融的发展在各类学科中已不是稀罕的。

疏桩基础改变传统桩基设计理念，即建筑物上部荷载不再是单一由基桩承担。在我国原生态的疏桩基础，起源于旧上海。我国著名岩土工程前辈同济大学俞调梅教授于 1988 年 3 月 24 日就"疏桩基础"[1]一文指出"…在旧上海三四十年代也有过类似的疏桩基础，在处理暗浜基础等，您的尝试值得欢迎，鉴于目前用桩过多过密的事实，采用疏桩基础是无可非议"[见附录 1]。

把桩、土共同作用的理论发展于"疏桩基础"则来自 1987 年在上海与温州两地软基础工程实践，并分别称为"沉降控制复合桩基"与"疏桩基础"。"疏桩基础"[1]一文最早见于 1987 年浙江省建筑年会交流资料。

温州与上海地基是我国典型的软弱地基，上海地基土的承载力上海人口头语"老八吨"；温州地基土只能叫得上"老六吨"。这里引用的"老"字，作者理解是指有地表硬壳层的"老土"存在才能达到该数值。可见疏桩基础的诞生背景是软弱地基土。

我国《建筑桩基技术规范》JGJ 94—2008 则把上述复合桩基与疏桩基础合并称为"减沉复合疏桩基础"。这种以桩间地基土作补偿的桩、土共同作用为主要特点的复合桩基可称为狭义的复合桩基。

1.3 设计思想与关注度

温州市建筑设计研究院于 1986 年首次提出了疏桩基础设计思想，提出了用桩来补偿天然地基，利用天然承载力来减少桩基的新构思，使桩基与天然地基达到互补效应。并进行了常规桩基与疏桩基础对比工程实践尝试。

在我国疏桩基础诞生，引起了学术界、工程界关注，谷歌网站就疏桩基础作了学术关注度统计分析（图 1-1）。

疏桩基础的历史回顾：

历史事件：上海民用建筑设计院和温州市建筑设计院分别自 1987 年起在实际工程中应用疏桩基础，并在实践中提出设计计算方法并取得显著成就。

学术关注度(1996年～2008年)

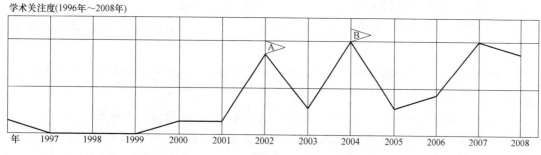

图 1-1 疏桩基础学术关注度：1996～2008 年见上述曲线

20 世纪 50 年代起国外采用的类似的复合桩基有："附加摩擦桩的补偿基础（compensated foundation with friction piles）"、"减少沉降量桩（settlement reducing piles）"、"桩筏（pile-raft system）"等体系。

桩与土的共同作用机理是复杂的，实质上软弱地基土对桩的容量也有一个度的限制，不是桩越多沉降越小；根据我们初步实践，认为地基土对桩存有一个最佳桩容量；对应最佳桩容量建筑物沉降量为最小（详见第 9 章【工程实例 1】）。

上海民用建筑设计院顾问总工施履祥学者于 1988 年 3 月 13 日就"疏桩基础"[1]一文指出：

（1）疏桩与密桩，我个人认为密桩不见得沉降少，这次在你的对比工程中得以证实，但一般设计中用到 6d 为止，而你的典型工程用到 9.8～14.8d 而没有问题，的确难能可贵。

（2）上海在新中国成立前和新中国成立初期，是将地基强度扣除后再算余下荷载由桩来承担，这样考虑桩土共同作用，我在 1981 年作了这一方面试验……我在第二次编上海地基规范时引用了这一经验，在暗浜中处理地基时，可扣除地基强度 3t/m²，然后由短桩承担，那是很多资料证实的。

随着疏桩基础概念的发展和实际工程应用的扩大，常规疏桩基础已不适应当今建设事业的发展，近年来作者根据软土地基的特点，提出了广义复合桩基，申请了国家发明专利"复合桩基及其设计方法"[9]。在其复合桩基的桩间土施加增强体，它把桩基技术与地基处理技术复合在一起，逐步形成了广义复合桩基的概念并应用于实际工程。

因为常规复合桩基有很大的局限性，须知，如果仅有 6～8t 地基承载力作复合桩基的补偿设计，自然其应用范围直接受到限制。

2010 年"刚-柔性复合桩基"成为浙江省工程技术标准（DB33/T 1048—2010）[12]，标志着复合疏桩基础进入了一个新的应用阶段。

1.4 设计方法探讨

从疏桩基础的工作特性分析，它不同于常规桩基础，也不同于常规的天然地基基础，从弹性力学基础梁分析它是一个多变量的接触应力问题，精确解答涉及数学上的困难。目前，复合桩基及疏桩基础的设计方法在工程界、学术界还处在探索与初步实践阶段。正如浙江工业大学史如平教授于 1988 年 3 月 11 日就"疏桩基础"[1]一文来函指出：

……还由于软土性质的复杂性，一种新的方法要得到社会的认可与推广往往要经历一条可能是"漫长"的路程。

我从您的论文中得到有益的启示，作为教学工作者，在一定场合我可以作此宣扬，使有更多实践者能在这一领域有所推进。……

疏桩基础的共同作用，具体用于成就的设计还有一些尚待进一步研究：

1. 我不知道温州软土是欠固结的还是正常固结的，因为这对将来的沉降是有影响。

2. 承台承担看来占很大比重，承台受力后，使其下的土体受到压缩沉降，则对桩来说相当于受到负摩擦的作用，这之间关系如何？

具体来说，到底桩分担了多少荷载？这是设计者很关心的。……

就目前提出的方法作者把它归为以下两类：

一类：直接以承载力作初始控制指标（已知条件），进行复合桩基设计，来确定桩的数量（由温州市建筑设计研究院提出）。就是根据建筑物的重要性、建筑物自身整体刚度以及按常规桩基础设计的桩位图，事先初步设定控制目标疏桩率，并按第一设计状态即承载力极限状态，进行承载力的桩间土补偿计算，由于它把"承载力"作为初始控制指标，所以简称为"以承载力为控制指标"设计。

桩在初步完成疏桩基础平面图，确定桩长、桩的布置以及承台底板尺寸等后，再计算建筑物的沉降量。此时，应按第二设计状态作沉降量计算，根据计算沉降数值，确定是否需要预留沉降量，或者再调整设定的目标疏桩率。

二类：直接以沉降量限值作控制指标（已知条件），进行复合桩基设计，来确定桩的数量（由上海市民用建筑设计研究院提出）。就是根据建筑物的重要性与整体刚度，事先设定建筑物的允许沉降量，并以此沉降量为控制目标，按第二极限设计状态即正常使用荷载长期效应组合，计算确定用桩量。在上述初步确定用桩量与桩承台尺寸后，再根据第一设计状态作承载力极限状态验算，验算其是否满足承载力安全值要求，决定是否调整承台的承载力补偿量或桩增加量。具体设计步骤详见参考文献，该方法由于把"沉降量"作初始控制指标，所以简称为"以沉降量为控制指标"设计。

上述两种方法反映了我国科技人员在复合桩基这个领域上的研究成果与不同的学术流派。实质上是一个概念范畴上的不同思路与不同的设计方法及工程手段。其总体皆在发挥桩与桩间土的共同作用的潜在正能量，利用桩体控制沉降作用，利用复合体加强桩间土的刚度（压缩模量）提高桩间土与桩体协同工作的能力。

上述两种设计方法它们都满足：

（1）以平衡条件为设计依据作控制承载力设计；

（2）以变形条件为设计依据作控制沉降量设计。

所不同只是所取的未知变量不同：

方法 1 把未知变量承载力分配为定值，可理解为杆件系统结构力学"力法"；

方法 2 把未知变量沉降为定值，可理解为杆件系统结构力学中的"变位法"。

我们把上述的设计方法用图 1-2 来表述，就一目了然。

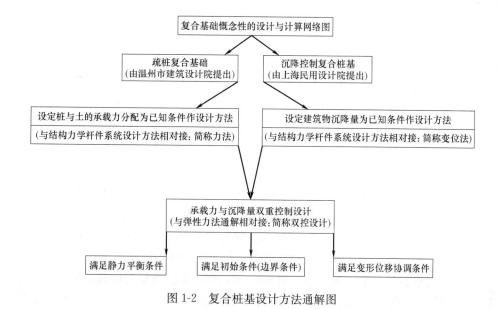

图 1-2 复合桩基设计方法通解图

1.5 研究与回顾

1.5.1 相关专家的论述[24]

复合桩基这个领域上，上海市建筑设计研究院、温州市建筑设计研究院、同济大学、南京建筑工程学院、天津大学等单位均有显著的成就。

近20年来，我国工程界、学术界在复合桩基、复合地基进行了大量的研究与应用。许多学者各自提出了深层次的学术观点有力推动了这一学科与技术的发展。

上海市建筑设计研究院黄绍铭学者等在"减少沉降量桩基的设计与初步实践"[25]一文中，把这种减少沉降量设计的桩基础称为"沉降量控制的桩基础"。

同济大学杨敏教授在"以沉降为设计目标的减少沉降桩基础为研究"[26]一文中，把这种减少沉降量设计的桩基础称为"少桩基础"。它通常是以沉降量控制来确定桩的数量。

南京建筑工程学院宰金珉教授在"复合桩基设计理论与工程应用"[27]一书中指出：实质上"疏桩基础"是从天然地基基础向桩基础过渡的中间型的一种"复合基础"。并称为"复合桩基"。同时，提出复合桩基应按"双重控制"设计，桩的承载力发挥值取用近于极限承载力。

天津大学郑刚教授等在"复合桩基设计若干问题分析"[28]一文中根据桩的设置目的与作用的不同，把疏桩基础划分于"控沉疏桩基础"与"协力疏桩基础"。

冶金工业设计院刘惠珊学者，论证了疏桩基础可以应用到30层以内高层建筑，并提出了疏桩基础沉降计算方法[30]。

1.5.2 龚晓南教授的论述[29]

在深厚软黏土地基上按桩设计的摩擦桩基础时，为了节省投资，管自立（1987）采用稀疏布置的摩擦桩（桩距一般在5～6倍桩径以上），并称为疏桩基础。疏桩基础比常规桩基础理论设计的常规摩擦桩基础用桩量要小，但沉降量要大。采用疏桩基础，考虑桩间土对承载力的直接贡献，以较大的沉降换取工程投资的节约。当沉降控制在合理范围内，采用疏桩基础是可行的。有关疏桩基础的论文的发表引起学术界和工程界很大兴趣，各地都开展了类似的研究。

1.5.3 高大钊教授的论述[23]

将桩土和基础共同作用的研究成果推广应用于桩基础设计，考虑桩长、桩的刚度、桩数、桩位对桩基性状的影响，同时考虑承台下土的分担作用，提出了复合桩基的设计思想。复合桩基有两种不同的思路：一种是以承载力控制为主的设计方法；另一种是以沉降控制为主要特点的方法。

以承载力控制为主的设计：是以承载力补偿为主要原则的复合桩基设计方法，典型的例子是浙江温州市建筑设计院管自立于 20 世纪 80 年代初提出的，按预定目标疏桩率进行疏化设计和《建筑桩基技术规范》94 版规定的考虑承台底阻力的单桩承载力计算方法。

以沉降控制为主的设计：有两种以沉降控制为主的桩基设计方法，一种是以控制沉降量为原则，典型的例子是上海地基基础设计规范的沉降控制复合桩基，另一种是 2008 版《建筑桩基技术规范》中的软土地基减沉复合疏桩基础。

1.5.4 史佩栋教授的论述[31]

温州是我国著名的软土地区，地表仅有极薄的硬壳层，软土的埋藏浅、厚度大，各项土工指标与浙江的宁波、舟山、杭州及省外的上海、广州、福州、天津等地相比，多以温州的为最差（见图 1-3 和表 1-1）。

自 1970 年代后期开始，温州由于旧城改造和经济发展的需要，建筑物的层数逐渐增加，新的街区次第形成。建筑物产生过量的沉降和差异沉降使墙体出现裂缝几成常事，有的建筑物发生下沉倾斜，造成了近旁道路开裂塌陷。温州的软土地基处理的技术问题，已演变成了影响市民生活和生产的一个社会问题（见图 1-4～图 1-7）。

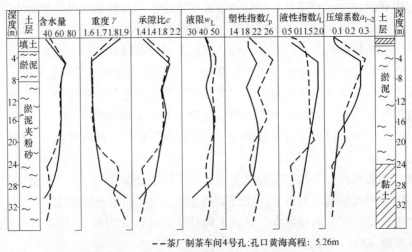

图 1-3 温州土工指标图

浙江省内外主要软土地区的物理力学性质　　　　表 1-1

地区	成因	埋深 (m)	含水量 w (%)	重度 γ (g/cm³)	孔隙比 e	液限 w_L	塑性指数 I_p	液性指数 I_L	压缩系数 a_{1-2}
温州	泻湖相	1～35	63	1.62	1.79	53	30	1.5	0.193
宁波	滨海相	2～12 12～28	56 38	1.70 1.86	1.58 1.08	46 36	19 15	1.23 1.11	0.093 0.072
舟山	滨海相	2～14 17～32	45 36	1.75 1.80	1.32 1.03	37 34	18 14		0.110 0.065
杭州	三角洲相	3～9 9～19	47 35	1.73 1.84	1.34 1.02	41 33	19 15	1.34 1.13	0.130 0.117
上海	三角州相	6～7 1.5～6；>20	50 37	1.72 1.79	1.37 1.05	43 34	20 13	1.16 1.05	0.124 0.072
广洲	三角洲相	0.5～10	73	1.60	1.82	46	19		0.118
福州	溺谷相	3～19 1～3 19～25	68 42	1.50 1.71	1.87 1.17	54 41	29 21	2.3 1.4	0.203 0.070
天津	滨海相	7～14	34	1.82	0.97	34	17		0.051

图 1-4　右侧原是四层建筑物因受两旁新建建筑物
　　　　影响沉降的严重而不得不拆除

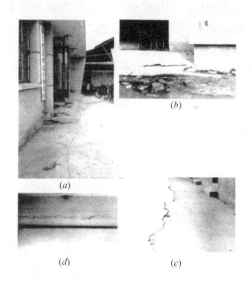

图 1-5　建筑物沉降引起周围地面和墙体开裂

　　后来大约在 1987 年，笔者获悉温州市建筑设计院的管自立倡导了"疏桩基础"的理念和设计方法，笔者深感欣慰。概因当时笔者已学习了墨西哥 Zeevaert 教授关于"补偿基础"的理论，并翻译了他的名著《难处理地基的基础工程》等书，深知墨西哥是世界著名的软土地区，软土的含水率高达 100％以上，"补偿基础"的理论对于墨西哥乃至世界各地软土地基基础处理的重大意义，因此觉得管自立所提出的"疏桩基础"与 Zeevaert 的"补偿基础"相比，颇有别树一帜而异曲同工之妙。

图1-6　桥墩受邻近建筑物影响而发生开裂

图1-7　受某建筑物沉降影响的单位和个人
要求赔偿的部分信件

　　几乎与管自立提出"疏桩基础"的同时，上海建筑设计研究院黄绍铭提出了"减沉桩"的理念和设计方法，并做了大量的工程实践。"疏桩基础"与"减沉桩"都是旨在因地制宜地充分发挥地基土、桩和承台以至上部结构的共同作用，虽各有侧重，而其共同目标都是为了节约资源和降低工程造价。这些创新思维和设计方法，都受到了学术界和工程界的重视，并付诸工程应用，裨益国家建设。相对于黄绍铭的"减沉桩"，有的学者把"疏桩基础"称为"协力桩"。

1.5.5　国际土力学与基础工程协会会长 B. B. Broms 教授的论述[22]

　　我相信，如果把桩作为减少沉降构件看待，可节约大量资金；桩可以用来有效减少总沉降和差异沉降。依我之见，把建设筑物全部重量由桩承担，这是不必要的，桩间土可以承担很大一部分荷载，不至于引起过多的差异沉降或总沉降。现行方法是把建设筑物重量全部由桩承担，把桩作为减少沉降的构件，这一原理以瑞士和英国为例，已应用得很成功。

第 2 章　疏桩基础设计原理

2.1　概述

疏桩基础设计原理是基于桩基与天然地基的工作特性，根据第 11 章软基础设计原理，从软地基基础设计一般性准则出发，论述基础设计的必要与充分条件分析，导出基础设计的通解条件，进而讨论复合地基与复合桩基的"双控设计"。

2.1.1　初始条件

软地基基础设计包括桩基设计，它涉及多学科的综合性工程技术，它不仅要有土力学的理论基础，更要把理论与实践融为一体的工程技术作依托。

然而，复合地基与复合桩基设计，比起天然地基基础与桩基础设计显得更为复杂，因为复合地基与复合桩基基础是坐落在多元变量地基上的工程。以弹性力学观点去分析，实质上它是一个多变量的接触应力问题，因此，必须做多变量的通解条件分析，本章提出的"双控设计"就是基于通解条件分析的设计方法。

不论天然地基、复合地基、复合桩基、桩基等基础。基础本身连同建筑物（上部结构）应具有足够的整体刚度，它是用以保证上部结构及其荷载安全，可靠地传给地基，防止建筑物由于自身刚度不足，变形过度引起裂缝、开裂、甚至破坏。

因此，基础设计首先必须对建筑物连同地质条件作整体刚度分析，因为不同地质条件对建筑物的刚度要求是不一样的。所以，建筑物的刚度分析和地质条件相关联，它直接影响基础选型和基础设计方案等有关问题。

这可理解为基础设计的第一个条件即刚度和地基地质分析，也可理解为基础设计的边界条件或称初始条件。

2.1.2　平衡条件

作为基础的功能，它必须有足够的承载力安全度来保证上部结构传来的各种设计荷载，不致由于承载力不足直接导致建筑的严重的下沉、倾斜以至失稳。对应承载力验算，其相应的设计状态是指承载力极限状态。我们通常的术语——承载力验算，是指承载力极限状态作用效应基本组合；而术语——稳定验算，是指承载力极限状态作用效应的偶然组合。实质上基础的功能是把上部荷载安全、可靠地传给地基，我们可把承载力验算作为基础设计第二个条件，也可理解为基础设计的荷载平衡条件。

2.1.3　变形条件

除满足上述的刚度与承载力安全度分析外，基础设计还不能有效保证建筑物正常的使用要求。因为，荷载平衡条件还不能保证建筑物处在正常的工作状态。

超限度的下沉、倾斜，没有具体量的限制是不允许的。所以，控制建筑物沉降量要求显得十分重要。它是以变形（变位）协调条件作依据。而相应的设计状态，是指正常使用极限状态荷载长期效应组合。而这可理解基础设计的第三个条件。也可称变形（变位）协调条件。

综上所述，基础设计除自身刚度与地质条件分析外，还由两个方面组成，即承载力控制设计与沉降量控制设计。前者是依托承载力极限状态作用效应下的基本组合与偶然组合，后者是依托正常使用极限状态荷载下的长期效应组合，两者是缺一不可。前者可理解为基础设计的必要条件；后者可理解为基础设计的充分条件。我们把二个条件同时作为基础设计依据。本书把上述两个控制通称为基础设计的"双控设计"，即控制承载力与控制沉降量设计。它们是不可分割、辅相成的。只有同时满足这两个条件，并达到最佳状态时，基础设计才是最优的设计。

上述对建筑物的基础工程设计准则的条件分析，就与弹性力学的应力、应变方程的通解相对接，即建立在边界条件、平衡条件和变形条件的方程相一致。

2.2 复合地基

上述已论及，当今桩基技术的发展桩不只是桩基础工程的专有；同样，当今水泥搅拌桩加固技术也不只是地基处理专用。

当把刚性桩与柔性水泥搅拌桩复合一起，用作地基基础处理时就构成"刚柔性桩复合地基"，已为国家行业标准《刚-柔性桩复合地基技术规程》JGJ/T 210—2010；当用作桩基础处理就构成"刚-柔性复合桩基"，已为浙江省建设工程标准《刚-柔性复合桩基技术规程》DB33/T 1048—2010。

上述两项规程虽然都是建立桩、土共同作用理论，但由于两者的复合机理不同，就变成两类各不相同的基础类别。

在复合地基中，刚性桩用作地基加固，以提高地基土的承载力，减少地基土的沉降为目的而设置。因为，刚性桩是集中力作用于地基土，要使集中力转换为地基土的地耐力，必须与桩承台脱开，并设置褥垫层。此时，复合地基可认为主体（地基）与复合体（桩体或其他增强体）两部分组成，共同发挥承载力与控制沉降。根据上述基础通解条件分析与"双控设计"要求，复合地基由于复合体不同，可演变成具有不同特性的地基处理与复合地基的基础形式，见表2-1。从表可见，不同类的复合地基其控制沉降能力是不一样的。

表 2-1

复合地基类别	柔性桩复合地基	刚性桩复合地基	刚柔性桩复合地基	长短桩复合地基
承载力基体	天然地基土	天然地基土	天然地基土	天然地基土
承载力补偿复合体	搅拌桩加固地基土作补偿	刚性桩加固地基土作补偿	刚性桩与柔性桩共同复合作补偿	刚性长桩与短桩共同复合作补偿
控制沉降能力分析	中等	中等-强	强-中等	强

2.3 复合桩基

随着疏桩基础概念的发展和实际工程应用的扩大，常规疏桩基础已能以适应当今建设事业的发展，把桩基技术与地基处理技术复合在一起，逐步形成了广义疏桩桩基的概念并应用于实际工程。

2.3.1　广义复合桩基及适用条件分析

如图 2-1 所示，广义概念的复合桩基是常规概念的疏桩基础的发展，由于采用的复合体的类型与适用条件不同，可分为以下五类：

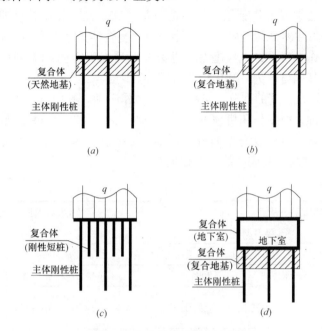

图 2-1　复合桩基分类示意图

(a) 常规型复合桩基；(b) 刚柔性复合桩基；(c) 长短桩复合桩基；(d) 卸荷型复合桩基

Ⅰ类 A：如图 2-1 (a) 所示，当天然地基承载力能满足设计要求时，但控制沉降不能满足设计要求，我们按传统基础设计，采用桩基设计；上部荷载全部由桩基承担。为了节省工程造价，我们采用少量的基桩用于控制沉降，其承载力以天然地基为主要贡献，典型案例见第 3 章图 3-2 疏桩基础，疏桩率 70%，此类的疏桩基础可认为是天然浅基础的发展，可名为"控沉疏桩基础"。

Ⅰ类 B：如图 2-1 (a) 所示，当天然地基土的承载能力不能满足设计要求时。自然控制沉降能力也不能满足；为了节约工程造价，仍然利用天然地基土的承载力作补偿设计。此时，承载力主体为桩基，复合体为天然地基。典型案例见第 9 章【工程实例 3】状元海军住宅楼工程疏桩率 45%，此类疏桩基础，可认为是桩基础的延伸，可名为"协力疏桩基础"。

Ⅱ类：如图 2-1 (b) 所示，当上述的协力疏桩基础；不能满足设计要求时，即地基土的分担承载量较小时，不具有明显经济效益。可采用地基处理方法如用水泥搅拌桩加固桩间土，加固后的地基土可视为模拟人工硬壳层，提高了桩间土的承载力。典型案例见第 9 章【工程实例 3】温州意万达鞋业有限公司主厂房基础加固。此类基础可名为"刚-柔性疏桩基础"。

Ⅲ类：如图 2-1 (c) 所示，当地基土具有二个深、浅不同埋深持力层时，当利用浅持力层不能满足设计要求，利用下持力层基础造价高，可考虑采用长桩与短桩复合，主体为刚性长桩，复合体为刚性短桩。主体长桩发挥下持力层，作承载力主要贡献。复合体为刚性短桩发挥上持力层，作承载力补偿与沉降扶持。典型案例见第9章【工程实例12】温大行政教学楼小高层基础。此类基础可名为"长-短桩疏桩基础"。

Ⅳ类：如图2-1（d）所示，当建筑物带有地下室时，采用刚-柔性复合桩基作设计，可考虑地下室卸荷的承载力作补偿。因为地下基底软土经水泥搅拌桩加固提高了抗剪性能，基床开挖不易发生基底隆起。主体为刚性桩，复合体为地下室的卸荷体（伴有水泥搅拌桩加固复合体）作补偿设计。典型案例见第9章【工程实例11】西堡小区1号住宅楼小高层基础。此类基础可名为"卸荷型疏桩基础"。

如图2-1所示复合桩基的划分，又可用表2-2作归纳，其中基本型的复合桩基，就是常规概念的疏桩基础，根据作用机理不同，区分为二类：控沉疏桩基础与协力疏桩基础。广义型的复合桩基，又可称复合型的疏桩基础，根据复合体类别不同区分于三类：刚-柔性疏桩基础、长-短桩疏桩基础、卸荷型疏桩基础。

表 2-2

类型	基本型复合桩基		广义型复合桩基		
	Ⅰ类A型	Ⅰ类B型	Ⅱ类	Ⅲ类	Ⅳ类
名称	控沉疏桩基础	协力疏桩基础	刚-柔性疏桩桩基	长-短桩疏桩桩基	卸荷型疏桩基础
主体	天然地基	刚性桩	刚性桩	下持力层桩基（长桩）	筏基、刚性桩
复合体	刚性桩	天然地基土	复合地基（搅拌桩）	上持力层桩基（短桩）	地下室卸荷体、复合地基

当上述的各类疏桩基础（复合桩基），仍然不能满足设计要求或不具有明显经济效益时，自然按常规桩基作设计。当天然地基土的承载力与控制沉降能力均满足设计要求时，应优先考虑采用天然地基基础，这就可以节约成本。很多情况，人们往往只注重承载力，而忽视沉降量的控制。以温州为例，一度众多工程由于简单地按承载力去控制设计，致使建筑物沉降得不到有效控制，直接影响建筑物的安全与使用，建成后墙身开裂、倾斜、下沉更是屡见不鲜。如果软弱的天然地基基础设计，按上述的"双控"要求去实施，那么，天然地基土的自身承载力仍可以通过"复合地基"或"复合桩基"得以综合开发，它的应用为天然地基土开辟了新局面。

2.3.2 工作特性

一些文献在讨论桩、土共同作用所作的设定与实际情况偏离甚远，容易引起误导。以下通过表2-3三维坐标系，清晰表述了复合桩基的共同工作条件：

（1）桩、土协调在Z轴（位移值）要求

桩承台与桩间土应是连续介质即桩的竖向位移与承台下桩间土的位移是相吻合的，这就要求桩在荷载作用下，连同桩承台下土体发生竖向位移，所以，复合桩基一般指摩擦桩，或端承摩擦桩。承台下桩间土是具有承载外荷载能力的机体，而不是由于桩体挤入而隆起破坏的土体。否则，一旦隆起的土体由于孔隙水的消散，使承台下的土体与承台脱开，或是重新恢复的次固结土。这样，桩与桩承台下的桩间土，往往是虚脱而不具有共同工作条件。

（2）桩、土协调在X轴（补偿量）要求

要维持单桩承载力，它需要一定范围桩周土维持桩的自身承载力，一般以桩的直径 3 倍作影响圆。只有超越影响圆以外的桩间土，才能分担上部荷载。所以疏桩基础桩间距一般应大于 4～5 倍桩径方能保证桩、土共同互补的工作。如果仅有 3 倍桩径间距的群桩基础，就谈不上桩、土共同工作，它们只是承载力互相衰减与沉降量的重叠加大。

（3）桩、土协调在 Y 轴（疏桩率）要求

桩与桩间土分担荷载应具有数量上的可比性；一般基桩承担荷载的比例为 30%～80%；当其桩间土承担比值很小，设计复合桩基实际意义就不大。

对于软弱淤泥、黏土地基，如果我们采取地基处理办法，来提高桩间土的承载能力，使桩、土共同作用在一定的量范围，那么，软土地基上复合桩基础应用于小高层、高层建筑仍是一个开拓方向。

复合桩基三相共同工作条件分析　　　　表 2-3

轴号	名称	桩土共同作用协调工作要求	
X 轴	补偿量	桩承台有效面积应扣除三倍桩径作应力圆	
Y 轴	疏桩率	天然地基土承担外荷比例不应小于 20%	
Z 轴	位移量	桩承台下地基土与承台底是结合在一起	

复合桩基中桩体与一般桩基工程是不相同的，由于桩不仅作为承重构件设计，而且还作为控制沉降构件。每单桩实际发生的承载力已超过了桩的承载力特征值，并已接近桩的极限承载力。

因此，桩身质量对每根桩都要满足要求，同时它又作为控制建筑物沉降与加强稳定性构件设计，桩的长度应超过压缩沉降影响线深度以下，才能有效发挥控制沉降作用，通常最小桩长应大于 $1.5B$（建筑物宽度），否则作为复合桩基建筑物沉降量过大，并难以控制沉降。

同时，桩作为加强稳定性构件设计时，桩的布置位置不同于一般桩基（承载力作间距布置），而是采用第 7.1.1 节介绍的离散布桩法。这就有效地加强建筑物的抗倾能力。

上述保证桩间土的设计承载能力，首要是桩间土免受破坏，直接保证桩间土共同工作，使桩承台下土体作为承重机体参与工作。除设计中采用扩大桩距减少挤土效应外，对于挤土桩施工，宜采用相应防范措施，以有效消散与释放孔隙水压力。

2.4 基础分类

随着工程建设的发展，基础形式与地基处理方法日新月异。人们对基础的认识也逐步加深，事实上，基础与上部结构是不可分割的二部分。尤为当今共同作用设计理论的发展，基础分类并非十分重要，重要的是概念性分析与设计。它只是作为一种手段，科学地、系统地归类，便于人们掌握它、应用它。

2.4.1 按工作机理作归类

当按桩、土共同作用进行归类时，可按表 2-4 所示与图 2-2 表示。由于复合桩基与复

合地基都以桩、土共同作用作理论基础，所以把它们归在一起，并名以"复合地基与复合基础"。

表 2-4

类别	地基分类	承载力的主体	承载力的补偿复合体（增强体）	基 础 分 类	
Ⅰ类	天然地基	天然地基土	无补偿复合体	天然地基基础	
Ⅱ类	复合地基	天然地基土	桩体或其他增强体	复合地基基础	复合基础
		桩体	桩间土或其他增强体	复合桩基基础	
Ⅲ类	基桩地基	桩体	无补偿复合体	桩基础	

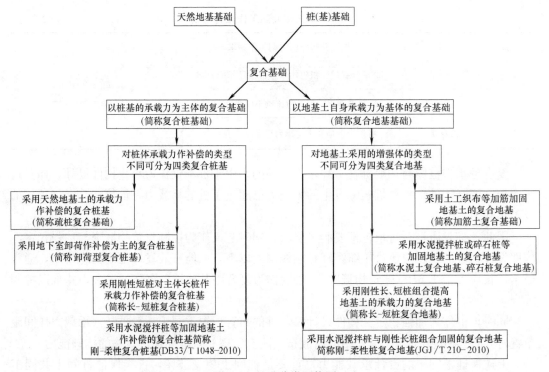

图 2-2　基础分类网络图

表 2-3 可见从地基与基础划分来看，把地基划分为三种：天然地基、复合地基与基桩地基。其相对应的基础也划分为三类：天然地基基础、复合基础（复合地基基础和复合桩基基础）与桩基础。

应该指出用"复合地基"一词作为基础一种形式是容易混淆地基与基础的区别，所以建议把"复合地基"用作基础时应改为全称为"复合地基基础"；这样与"天然地基基础"、"复合桩基基础"与"桩基础"相呼应。统一在基础的范畴内来讨论基础的分类更合理。

2.4.2　按土的桩含量归类

基础的归类也可根据第 3 章疏桩率 η 作划分，用 η 表示地基土的桩的含量，就可把天然地基、桩基、疏桩基础统一在一个定义上进行归类，见表 2-5 与图 2-3。

表 2-5

基础归类		疏桩率 η	基础特性分析	
基础类别	基础类型	η(%)	控制沉降能力 s	承载力安全系数取值 K
A 类　天然地基基础（复合地基）	纯天然地基	100	最弱	K_S 最大
	人工加固地基			
B 类　疏桩基础（复合桩础）	控沉疏桩基础	0 < η < 40	中等	K_{Sp} 居中
	协力疏桩基础	40 < η < 100		
C 类　桩基	摩擦桩（端承摩擦桩）	0	最强	K_p 最小
	端承桩（摩擦端承桩）			

上述基础的特性分析是建立在承载力极限状态（特征）分析基础上，并根据建筑物对控制沉降要求的不同来区别基础类型。在实际工作时可用图 2-3 表示，就显得一目了然。

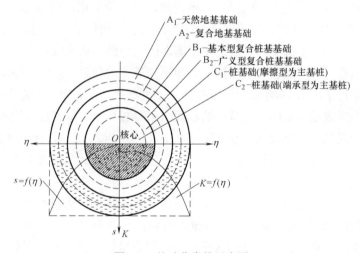

图 2-3　基础分类核示意图

横轴表示基础的含桩率（疏桩率 η），竖轴表示基础的沉降量 s 及基础的安全系数 K，曲线 $s=f(η)$，$K=f(η)$ 分别表示 s，K 与 η 的模拟函数式。

各圆环分别代表一组基础形式。位于最外表层圆环，基础控制沉降能力最低，相应设计承载力安全系数取值较大；反之，位于核心圆环，基础控制沉降能力较强，相应设计承载力安全系数取值就较小。位于中间圆环，则是介于二者之间的过渡型。其中：外圆环为天然地基浅基础（A 类），中间圆环为广义复合基础（B 类），核心圆环为桩基础（C 类），每类均分为二型。

上述"分类核"把基础分成三大类、六型，图中曲线分别表示各类基础沉降特性及承载力安全系数取值与桩的含量。

从上述二种的基础不同分类可见，不同的基础类别具有不同的"承载力能力"与"沉降量控制能力"，因此，其适用性要因地制宜地选择，它是工程设计中的重要的问题；要通过系统的运筹优化，作技术、经济分析比较，方能达到最佳适用性基础。

第3章 疏桩基础初次应用

3.1 概述

在1.5.4节史佩栋教授论述的疏桩基础中，已清晰表明了来自软土地基的工程实践。温州是我国著名的软土地区，表现为承载力低（50～60kPa），淤泥黏土层深达40～60m，含水量高（60%～70%）。各项土工指标与浙江的宁波、舟山、杭州及省外的上海、广州、福州、天津等地相比，多以温州的为最差（见图1-3、表1-1）。

上述的温州华侨饭店建于20世纪60年代初，是一幢五层的砖混结构，至90年代末拆除重建，历时40年，基础采用当时在全国推广的砂垫层技术。记得50年代末作者还在河海大学读书，当年在上海实习，就是张华滨港区仓房砂垫层基础，据介绍砂垫层可以提高软地基土的承载力，因此在全国被推广，却不知道它的后患。以温州华侨饭店为例，该工程至拆除前累计下沉1.7m，致使建筑标高"室外比室内高，室内变地下室"，如此之大的下沉，恐怕全国也是罕见的。地基土的承载力虽然提高了，但其建筑物的沉降反而比一般利用天然硬壳层的浅基础大（一般下沉量在700～1000mm）。因为砂垫层给淤泥、黏性土开通了长年排水通路，土的排水固结历时几十年以至造成如此之大下沉。

我国当年在全国推广砂垫层作软地基处理，单从提高承载力考虑而忽视沉降量控制是不适宜的，也是缺乏应有科学的态度，用现在眼光看是对土性认识不足。

自1970年代后期开始，温州由于旧城改造和经济发展的需要，住宅以小高层居多，结构以框架居多，工业建筑以大开间居多。随着层数增加，新的街区次第形成。继续延用天然地基作设计，伴随而来的是建筑物产生了过量的沉降、倾斜、墙体裂缝，相邻新老建筑物的下陷开裂几成常事（见图1-4～图1-7）。

人们把温州地基土比喻为"豆腐地基"是有一定道理。按传统的天然地基作设计，往往造成工程三大弊端，即"纵向怕裂、横向怕倾、竖向怕沉"。继续延用天然地基已不适应，为克服现行天然地基基础三大工程弊端，从而萌发了利用天然地基与桩基相结合的混合基础，即利用土的自身承载力，来减少与疏化桩基的"疏桩基础"，为天然地基开辟了新生面。可谓是山穷水尽疑无路，迎来柳暗花明又一村。

3.2 对比工程案例介绍

1986年首次做了"疏桩基础"工程的尝试，选用了水心住宅区毗邻的四幢同一类型的五层砖混结构宿舍，分二组做"桩基"（图3-1）与"疏桩基础"（图3-2）的对比性试验，该工程建于深厚淤泥地基，地质资料见表3-1。

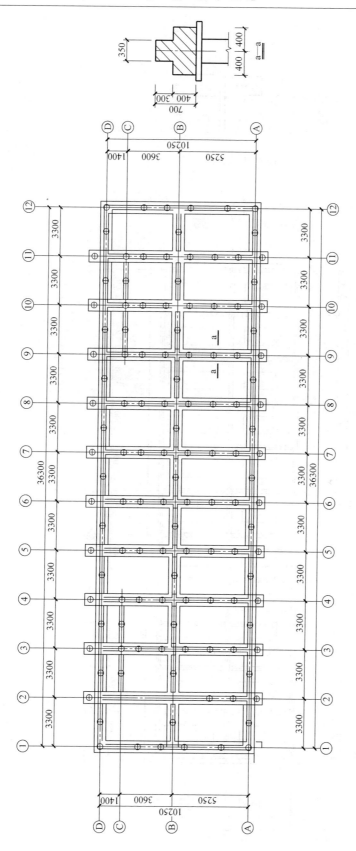

图 3-1 桩基础平面图（A 幢）

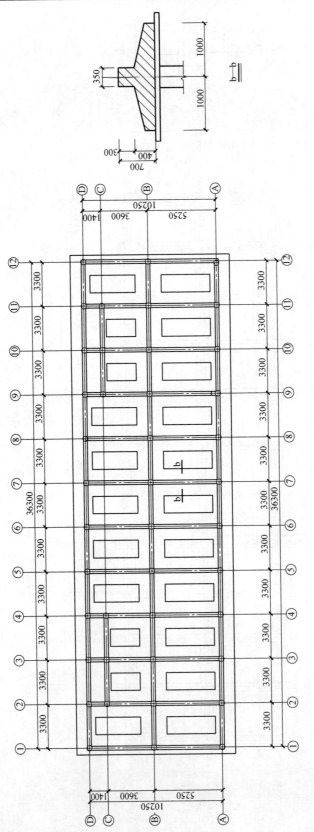

图 3-2 疏桩基础平面图（B幢）

表 3-1

土层名称	埋深(m)	天然含水量 w(%)	R(MPa)	E_0(MPa)	f(kPa)
淤泥质土	1.0	39	80	2.5	30
淤泥①	10.4	62	45	1.0	12
淤泥②	19.6	52	50	1.5	16
淤泥③	27.9	52	60	2.5	20
淤泥质土	28.6	39	70	3.0	30
黏土	30.5	—	80	7.5	60

图 3-1 为常规桩基设计的基础结构图，桩基是采用振动沉管灌注桩，桩径 ϕ377，桩长为 20m，桩总数 124 根，桩间距为 1.4～1.65m；桩基础为梁式承台结构，承台翼缘宽为 800mm。

图 3-2 为 B 幢疏桩基础结构图。桩的类型、桩径、桩长均同 A 幢，桩的数量由原有 A 幢 124 根减少至 36 根，为原来的 29%。而相应的桩距由 1.4～1.65m 扩大到 3.3～5.0m；而减少了基桩的承载力由桩承台板带天然地基来承担，承台翼板由原来 A 幢 800mm 改为 2000mm 作疏桩基础的承载力补偿。

3.3　技术经济指标对比

3.3.1　沉降量对比

从竣工实测沉降量与时隔二十年后的沉降作对比分析（表 3-2），可得到下述主要结论：

（1）当年在温州桩基工程中盛行的是振动沉管灌注桩，受当时的机具设备及浙江省工程建筑标准限制，设计桩长只能在 20m。显见，桩长取用一倍建筑物宽度对建于深厚软弱地基工程是难以发挥桩的控制沉降功能。

桩基础从竣工沉降 4.3cm 到 20 年后为 20cm，增加了约 16cm；疏桩基础沉降由竣工平均沉降量 8.0cm 增至 25cm，相应增加了 17cm，可以看出：

一说明采用的桩长太短，不能有效控制建筑物沉降，以至 20 年后不论桩基、疏桩基沉降均持续加大。

二说明疏桩基础桩的功能效应远大于常规桩基础中基桩。二者 20 年内持续增加了相同量的沉降（桩基为 16cm、疏桩为 17cm）。

（2）本案例 A 幢常规桩基础在 3d 桩距、20m 桩长，桩的"双重功能"已严重受到地基土压缩层与桩的间距的影响，终止沉降量竟达 20cm。此时，桩基础的工作性况如同深埋的、实体深基础。建筑物的沉降主要取决于桩底下卧的土层排水固结压缩下沉。

按常规桩基础设计，把建筑物上部重量全部由基桩来承担，但建筑物建成的实际沉降量又远远超过单桩试桩沉降量数十倍以上，可见常规设计的过密桩距，使得桩的承载力相互衰减、沉降量重叠加大，终止沉降量仍达 20cm。疏桩基础则没有受桩距过密影响，所以其终止沉降量二者相同。

（3）须知，常规桩基础的过密基桩，不仅不能发挥桩的控制沉降功能，还形成很大孔隙水压力与地基土受到挤压并发生重塑，致使地面严重隆起，一般达 50 多厘米。这就加大了桩基础的最终下沉量。同时，对挤土桩（沉管灌注桩）桩身质量往往有问题，桩身拉断、错位、桩身上浮，屡有所见。

表 3-2

点号	桩基础	疏桩基础	沉降观测点布置示意图
1	4.1	9.2	
2	4.7	8.4	
3	4.1	9.4	
4	3.4	7.4	
5	4.2	7.7	
6	5.0	7.1	
平均	4.3	8.2	1987 年竣工平均沉降量
平均	20	25	时间 20 年后于 2006 年实测沉降量

3.3.2 经济指标对比

如表 3-3 所示，此二幢工程均为同一个施工单位承建的，所提供的经济分析资料来自建设单位决算书。从表可见，B 幢疏桩基础的造价为 A 幢的桩基础的 70%，可以说明疏桩基础具有明显的经济效益。这是因为疏桩基础对比桩基础有如下特点：

（1）疏桩后，桩的密度减少，随之群桩影响就削弱。单桩承载力发挥对比桩基要大，而相应工程的费用比桩基要小。

（2）疏桩后，要借助天然地基的承载力，而天然地基所增加的费用，要比桩基为小。

基础对比增减工程量及造价明细表　　　　表 3-3

编号	工程项目	单位	预 算 数			附 注
			数量	单价	总价	三材增减量
1	挖土方	m³	101.0	0.4	40	模板增 1.120m²
2	矿渣垫层	m³	278.0	6.5	1807	钢材增 2310kg
3	压路机台费	班	4	38.2	153	水泥减 58300kg
4	混凝土灌注桩	m³	−199.0	100.0	−19900	
5	桩尖埋设	只	−88	0.26	−23	节约直接费
6	凿桩头	只	88	0.57	−50	
7	桩抽筋	kg	−0.56	720.0	−403	1.13(地区调正系数)×1.12(材
8	混凝土垫层	m³	18.5	52.0	962	料价格浮动系数)×12400(合计节
9	混凝土桩承台	m³	43.4	114.0	4950	约总价)=15700 元
10	混凝土基础梁	m³	−1.80	158.7	−286	
11	砂浆砌基础	m³	25.0	53.0	1325	节约造价百分数
12	沉降观测点	个	8	1.48	12	

续表

编号	工程项目	单位	预　算　数			附　注
			数量	单价	总价	三材增减量
13	预制桩尖	m³	−1.6	154.0	−249	
14	枕木摊销费	m³	−199.0	0.91	−181	15700 元（节约直接费）是 53200 元（A 型直接费）的 30％
15	片石垫层	m³	−30.2	17.7	−534	
16	合计总价				−12400	

3.4　有关问题的讨论

3.4.1　疏桩密度与桩的间距

（1）A 幢基础桩的相对密度，根据图 3-1：124 根/（10.5m×36.3m）=0.325 根/m²，桩的间距 1.4～1.65m，仅满足（3～4）d 要求。此时，桩的工作特性如同图 3-3 所示的群桩关系曲线 b。

B 幢基础桩的相对密度，根据图 3-2 所示：36 根/（10.5m×36.3m）=0.095 根/m²；桩的间距扩大到 3.3～5.0m。（7.8～11.9)d，此时，桩的工作特性如同图 3-3 所示的群桩关系曲线 a。

从图 3-3 表明：单桩承载力 210kN 时，曲线 a 沉降量为 0.001m，曲线 b（9 根桩组成的群桩，桩长、桩径同单桩），桩中心距为 3d 当其每根桩的承载力达到 210kN 时沉降量达 0.0103m，群桩沉降为单桩 10 倍之多。

（2）桩间距按式（3-1）计算，当桩距满足最小间距 D_0 要求时，才可以不考虑群桩的影响。

$$D_0(\text{m})=1.5\sqrt{\frac{dL}{2}}$$

（3-1）

式中　D_0——桩的最小间距；

　　　d——桩的直径；

　　　L——桩的长度。

根据式（3-1）计算不考虑群桩影响的最小桩的间距 $D_0=2.9$m（桩径 $d=0.377$m；桩长 $L=20$m），B 幢的桩基间距均已满足最小间距的要求，它的工作特性如同图 3-3 所示的单桩关系曲线 a。

从温州已建成的桩基础工程竣工实测沉降分析可见，桩基础虽按单桩承载力来确定桩数，但实际竣工的建筑物沉降量远比单桩沉降量为大，通常要大 10 倍以上。可见在群桩情况下，桩中心距仅满足 3d 是不能有效发挥刚性桩承载力与控制沉降能力，所以密布桩基群桩效应是十分严重的。

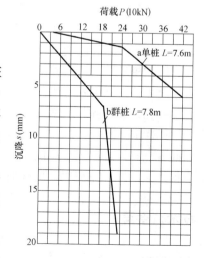

图 3-3　群桩单桩试桩曲线

从而可见采用疏布基桩是提高桩基承载力与减少沉降量的有效措施，可作为疏桩基础理论基点之一。

3.4.2　疏桩承台效应

作为软土地基上的桩、土共同作用的特性，就是桩基承台尺寸对桩的承载力影响。以本对比工程为例：A 幢基础承台的尺寸为 0.8m 宽，而 B 幢疏桩基础承台板带为 2.0m，显见二幢桩承台对基础贡献承载力大小是不一样的。

从图 3-4 所示试桩资料[14]。当设有桩承台时（承台尺寸 3 倍桩径），单桩的承载力比不设承台时要大 1.36 倍。而相应沉降比：单桩拐点承载力为 156kN，相应沉降量为 50mm；设有承台时单桩承载力为 156kN 相应沉降量为 14mm；则相应沉降比 $\eta = \dfrac{0.14}{0.5} = 0.28$。

从图 3-4 试验曲线可以得出如下结论：桩承台尺寸对单桩承载力的提高与减少桩基础沉降是另一个有效措施，所以把"宽基承台"作为疏桩基础又一理论基点。

但鉴于试验资料的局限性，还需进一步探明承台尺寸与单桩承载力及桩长等关系，但上述实验可以论证承台尺寸越大其承载力贡献就越大，承台效应就越显着。

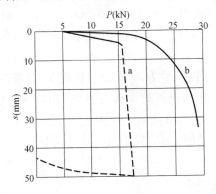

图 3-4　温州市百里 12 号楼灌注桩试验 $P\text{-}s$ 曲线

a—单桩无承台静力曲线；b—单桩有承台静力曲线

（承台：900mm×900mm；桩直径 300mm，桩长 11.5m）

3.4.3　均衡疏桩

如表 3-3 所示，对比桩基与疏桩基础的沉降，疏桩基础中的 A 与 D 轴的沉降差比桩基础为明显，这是因为该疏桩基础设计时，在楼梯间部位即在 3 轴、1 轴与 C 轴相交的二根桩偏离了 D 轴 1.4m 所致，而在设计布桩时没有注意调整桩基合力中心。反之，则说明疏桩基础中，每单桩对建筑物沉降效应是十分明显的，这就要求在疏桩基础设计时，所要注意的问题是桩基合力中心与建筑物重心轴的吻合调正，必须做到"疏而不漏、均衡疏桩"。

综上所述，疏桩基础改变了传统桩基设计观念，把桩基与天然地基通过疏桩原理结合在一起，它取"桩基"与"天然地基"之长，避天然地基沉降量大与桩基础工程造价高之短，二者结合可谓达到扬长避短作用。正如钱家欢教授指出："当然一种形式基础，一种想法，总都有优缺点，如何发挥它的优势，尽量避免缺点，这就是科技工作者与设计者的任务"（附录 2）。

按照此观点与设计原理，我们在进行软土地基桩基础设计时，把桩的承载力与桩间土的承载力得以共同发挥与利用，疏桩基础正是二者结合的一种合理的形式。

3.5　技术背景漫话

"疏桩基础"[1]一文，自 1987 年浙江省建筑年会发表距今 27 年，今天重读，温故而知新：

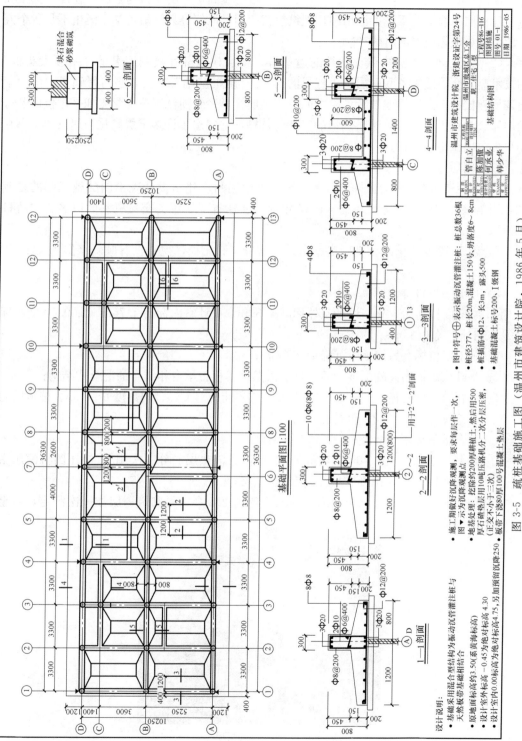

图 3-5 疏桩基础施工图（温州市建筑设计院，1986 年 5 月）

（1）当年疏桩基础的诞生，不仅要克服传统桩基设计观念上的束缚。要感谢温州市建筑设计研究院同仁们（陈加傲、何承业、韩少华三位高工）的扶持与理解；在没有国家标准与省标准规程情况下，如愿出图，把设想变蓝图，谈何容易！疏桩基础诞生不是我个人业绩，而是众志成城的时代产物；

（2）1987年作者应史佩栋学长的邀请有幸参加建设部在杭州召开的"平顶大头桩"的技术监定会，结识了我国岩土工程界的前辈。"疏桩基础"一文，当时得到了同济大学俞调梅教授、上海民用建筑设计院顾问总工施履祥学者、浙江工业大学史如平教授以及母校河海大学钱家欢教授等给予热情的支持与鼓励，并提出了许多宝贵意见与建议，本书在相关部分引录他们的评述。

（3）附后

1）图示疏桩基础施工图，为1986年5月由温州市建筑设计院出图的施工图的复制图，当年该基础称为混合型基础，1987年提供浙江省建筑年会交流资料时改名为"疏桩基础"。

2）建于1986年该疏桩基础房屋实景，墙身完好无损，视感没有倾斜（摄于2011年1月）。

3）原施工图设计说明：

① 原地面标高3.50m、设计室外标高4.30m、设计室内标高4.75m（即0.00绝对标高）室内外高差0.45m；

② 施工定位标高另加预留沉降量250mm；

③ 基础采用钢筋混凝土沉管灌注桩与天然地基板带承台相结合的混合式结构；

④ 沉管灌注桩桩径377mm、桩长20m（混凝土标号C15、坍落度6～8cm、桩顶插筋4φ12、$L=3000$、外露300）桩总数36根；

⑤ 承台板带混凝土标号C15、φ-Ⅰ级钢；

⑥ 地基处理：挖除约200厚耕植土、500厚石渣垫层、分二次用10吨压路机滚压密实（正交不少于三次）、浇80厚C10混凝土垫层；

⑦ 整个施工期限做好沉降观测，设沉降观测点8个，每砌筑一层作一次测定，直至竣工及后续沉降观测。

图3-6　疏桩基础房屋实景

第4章 疏桩基础原型试验

4.1 疏桩基础现场试验目的

疏桩基础的设计理论是建立在温州西堡锦园住宅小区（7万 m² 多层与小高层）工程实践与现场试验基础上，通过现场实测以寻求基桩、地基土、柔性水泥搅拌桩之间的荷载分配量值以及他们之间应力、变位的关系，从而对实用设计法，作相关计算系数确定。

现以刚-柔性复合桩基（图 4-1）为例。它是一种把桩基技术与地基处理技术复合在一起的疏桩基础形式。在其刚性桩桩间土施加水泥搅拌桩作桩间土的增强体，组成刚-柔性复合桩基。

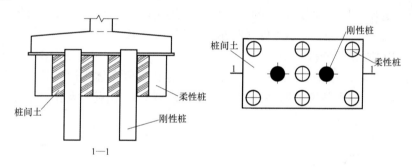

图 4-1 刚-柔性复合桩基示意

刚-柔性复合桩基，其刚、柔特性主要指它的沉降、变形特性。从强度来看，主体桩为刚性桩，复合体水泥搅拌桩为亚刚性，相对刚性桩而言为柔性。刚、柔结合使之刚柔相济，二者变形达到协调工作。从实际工程应用与现场试验成果分析，还具有如下的特征：

（1）刚-柔性复合桩基利用疏桩技术，发挥"长桩疏布"的优势，充分发挥刚性长桩控制沉降与承载的双重功能。

（2）利用地基处理方法，在桩间土施加水泥搅拌桩作增强复合体，有效地提高了复合桩基的安全度与可靠度，扩大了复合桩基的应用范围。

（3）发挥长-短桩复合的优势，利用刚性长桩与柔性短桩形成深、浅两个层面的空间应力状态，充分发挥地基土的承载力。

4.2 荷载与沉降的现场原型试验

4.2.1 试验概况

图 4-2 为温州市西堡锦园工程的刚-柔性复合桩基，承台的现场原型试验示意图[13]。为探明复合桩基的刚性桩、柔性水泥搅拌桩、桩间地基土组成的多元桩承台的工作特性。该试验包括一根 $\phi500$、$L=44m$ 的主体钻孔灌注桩，四根 $\phi500$、$L=12m$ 的水泥搅拌桩与

桩间土天然地基组成多元地基。试验布点见图 4-2。

4.2.2　试验成果比较分析

图 4-3 为该刚-柔性复合桩基现场原型试验荷载与沉降关系曲线，表 4-1 为试验成果分析汇总表。

（1）从控制沉降量比较分析

从表 4-1 可见，当复合桩基承台承载力达到特征值时的沉降量（沉降量 14mm）与单桩钻孔灌注桩承载力达到特征值时的沉降量（沉降量 9mm），二者在相同的安全度 2.0 时，具有相近的等阶沉降量。说明刚-柔性复合桩与常规桩基础在控制沉降能力上相当。该工程最终实测沉降量均在 1cm 左右。

（2）从承载力发挥值比较分析

复合桩基的承载力（＞2000）发挥值大于或近于主体单桩承载力与复合体（4 根）水泥搅拌桩承载力的总和（1080＋4×240＝2040），见表 4-1。可见，刚-柔性复合桩基各参与工作元素效率大于 1，证明地基土的应力处在三维空间工作状态（注：由于本试验桩承台受加荷条件限制在 2000kN 终止）。

（3）从工作机理比较分析

为探明刚-柔性复合桩基的工作机理，对主体刚性桩、复合体水泥搅拌桩及桩间土分别作了应力的实测（测点位置见图 4-2），实测成果见图 4-3，由荷载与沉降关系曲线求得

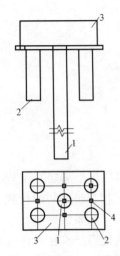

图 4-2　现场原型试验
布点示意图
1—刚性桩；2—柔性桩；
3—桩承台；4—测点

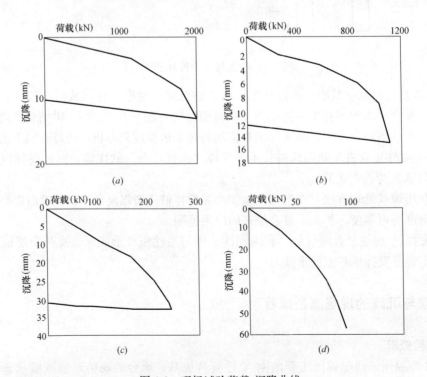

图 4-3　现场试验荷载-沉降曲线

（a）复合桩基；（b）单桩钻孔灌注桩；（c）单桩水泥搅拌桩；（d）试验场地基土

各分项荷载实测百分比。可见刚-柔性复合桩基在承载力安全度为 2.0 时，主体刚性桩具有超前承载能力（达到 1.78 倍），而复合体（复合地基）的承载力发挥表现为滞后效应（为 0.28 倍）。把刚性桩的超前承载的安全度不足转为由复合体作滞后安全储备，使刚-柔性复合桩基始终处在安全工作的运转状态。

试验成果分析汇总表　　　　　　　　　　　　　　　　　　　表 4-1

试验项目	复合桩基	钻孔灌注桩	水泥搅拌桩	桩间地基土	合计
终止试验荷载（kN）	＞2000	1080	240	100	
对应沉降量（mm）	14.0	9.0	30.0	55.0	
承载力特征值（kN）	＞1000	540	120	50	
对应沉降量（mm）	4.5	3.0	8.0	20.0	
各分项荷载计算值（kN）	1125	540	480	105	
分项荷载计算百分比（%）	100	48.0	42.7	19.3	62.0
分项荷载实测（%）	100	85.5	3.9	10.6	14.5
实测百分比/计算百分值比	1.0	1.78	0.28		

注：1. 各分项荷载实测百分比取自复合桩基试验；
　　2. 各分项荷载计算百分比由各单桩承台试验数据求得。

4.3　荷载与应力的现场原型试验

4.3.1　试验概况

图 4-4 为温州市西堡锦园工程【工程实例 9】的刚-柔性复合桩基，承台的现场原型试验示意图[13]。为探明复合桩基的刚性桩、柔性水泥搅拌桩、桩间地基土组成的多元桩承台的工作特性。该试验包括 2 根 $\phi500$、$L=44m$ 的主体钻孔灌注桩，6 根 $\phi500$、$L=12m$ 的水泥搅拌桩与桩间土天然地基组成多元地基。

4.3.2　试验成果比较分析

（1）根据图 4-5 试验结果：应力与荷载的关系曲线图[13]，当基桩达到承载力极限时，由于桩已处于拐点承载力，外荷继续加大，而基桩应力不再上升。此时，地基土（桩间土）开始缓慢承载荷载引起的地基土压缩下沉，对桩周产生的负摩擦力引起刚性桩等量值牵连下沉。

（2）由图 4-5 分析表明：刚性桩具有超前、超荷的极限承载力即拐点承载力

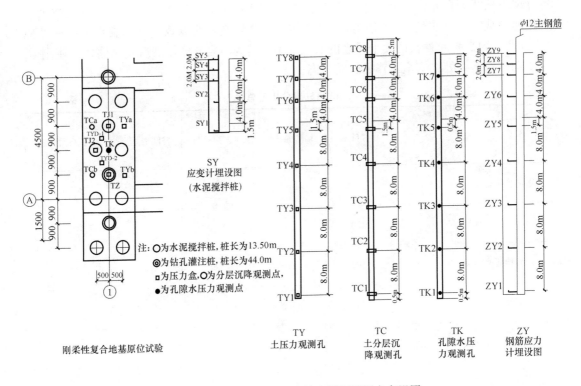

图 4-4　温州西堡锦园 14♯楼实测预埋测点布置图

（$1.6R_k$），而后桩间土（复合地基）才开始缓慢受荷，而实际承受的荷载仅为地基的承载力特征值的 0.3 倍，表现明显滞后作用。

（3）根据上述试验的主体刚性桩超前承载与复合体滞后效应的时间差，就可以把刚性桩承载引起桩承台沉降量与复合体在承受荷载引起的桩承台的沉降量二者予以叠加，证明采用的叠加法作沉降计算简图，符合复合桩基的实际工作状态。

从现场原型试验实测表明，一些文章人为设定刚性桩的承载力发挥按 100% 极限承载力（$2.0R_k$）作设计，这样会导致沉降计算时，计算值偏小；在承载力计算时，导致安全系数计算值偏大。

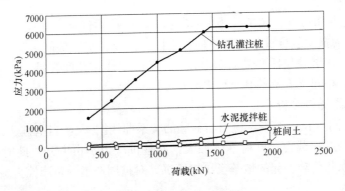

图 4-5　应力与荷载关系曲线

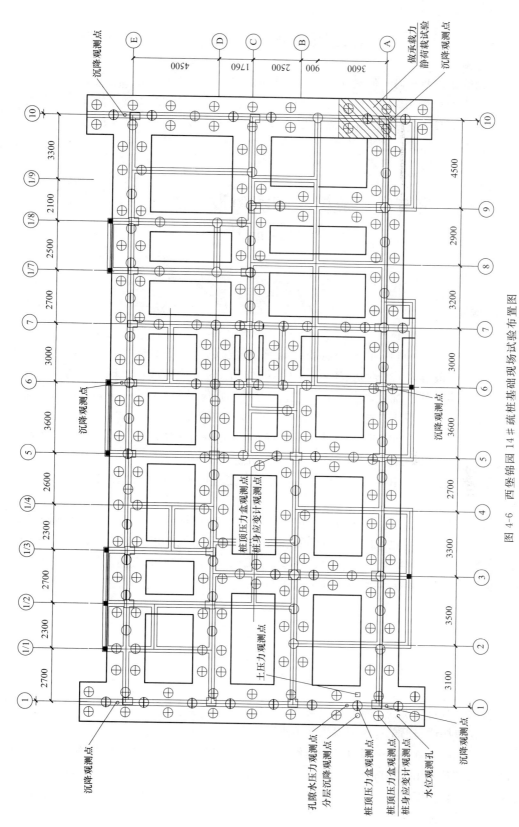

图 4-6 西堡锦园 14#疏桩基础观测场试验布置图

⊖为钻孔灌注桩；⊕为水泥搅拌桩

第二篇 设计方法

设计方法就如同人们到达彼岸，是采用架桥过河还是采用隧道或渡船。从这一理念出发，疏桩基础的设计的方法就具有不同的学术流派。本篇章的设计方法是在作者工程实践经验上提出的，是以承载力分配作已知条件，按承载力补偿作设计。共分3章来叙述。

第 5 章　疏桩基础实用设计法（一）
（承载力控制计算）

5.1　概述

有关桩与承台共同作用这一特性，近年来被众多的模型试验与现场实测所证实[14][15]。在一般群桩工作性状表明，这种共同作用往往为负效应，表现为桩的承载力的相互衰减与沉降量重叠加大，实质上桩对土的这种加强作用是不存在的。以往的研究，着重探索在密布群桩情况下，桩与承台共同作用机理的群桩效率系数。

由于疏桩基础通常的桩距（4~6）d（桩径），因此桩对土"加强"或"削弱"作用减少到最低限度。所以在模拟工程计算图 5-3 时，而忽略这种影响是允许的。

研究疏桩基础桩与承台共同作用目的，是寻求在疏布情况下各自承担分配量值，以求得实际工程应用。

按照此一观点与设计原理，我们在进行软土地基桩基设计时，不是简单地根据上部荷载确定桩的数量，而是以控制建筑物的沉降量为目标，对建筑物实施"承载力与沉降量"的双重控制来确定用桩的数量。使之，既要最大限度地发挥单桩承载力作用，并达到控制沉降的目标，又要充分发挥桩间土的天然承载力，达到减少与疏化桩基的目的。

5.2　疏桩要则

疏桩要则就是说把常规设计的桩基础进行疏化与精减时，所应遵循的设计原则，即宏观调控的设计要则。

通过第 3 章对比工程案例分析及第 9 章【工程实例 1】介绍的 A、B 两幢对比工程案例实践；初步探讨与简单分析可得出如下理论基点：

（1）对比第 3 章与第 9 章【工程实例 1】竣工实测沉降，前者采用桩长为 20m；竣工实测沉降（桩基础 4.3cm）；后者采用桩长 28.5m；竣工实测沉降（桩基础 2.3cm）；二者同是按常规承载力确定桩数；说明采用长桩控制建筑物的沉降量明显大于短桩基础（注：虽然二者地质情况有差别，但主要是桩长对沉降控制效果不同）。从以上工程可以说明采用长桩作桩基础设计，客观地显示了长桩更能发挥桩的控制沉降功能，尤其是软弱地基，一般下层地基土的指标明显比上层淤泥土好。同时，由于桩的有限长度受地基土的压缩层影响（图5-1），长桩控制沉降有效桩长比率（％）明显大于短桩。

（2）对比上述桩基础与疏桩基础竣工实测沉降与图3-3，采用稀疏布置对提高桩基承载力与控制沉降更有效，以第9章【工程实例1】介绍的 A 幢的疏桩的竣工沉降量反而比桩基础沉降小，这就说明稀疏布置的桩体，控制沉降效果大。

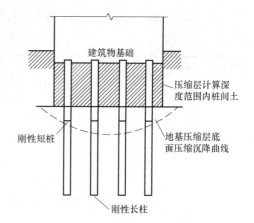

图 5-1　桩控制沉降有效长度示意图

（3）对比上述桩承台尺寸，并从图3-4证明，采用宽基承台更有效贡献天然地基土的承载力。这是因为承台尺寸越大，作为疏桩基础共同作用发挥承载力越明显。

（4）根据文献[31]的地基土的静荷试验，证明有垫层比无垫层的淤泥地基有效提高了地基土的压缩模量；有效发挥硬壳层承载力，为此，基础应以浅埋为宜。

综述（1）～（4）条的分析，可把疏桩基础设计要点归纳于："长桩疏布、宽基浅埋"八字要则，并作为疏布桩基的宏观调控的设计原则。

这里所说八字要则：

第一句话"长桩疏布"，就是说设计的桩长度要尽可能选用长桩。长桩比短桩更能发挥控制沉降的功能，同时必须采用疏布基桩，防止群桩效应引起单桩承载力衰减、沉降重叠加大。

第二句话"宽基浅埋"就是说设计的桩承台要宽、要浅埋。因为宽基更能有效贡献地基土的承载力，浅埋能充分利用地表硬壳层承载力的补偿作用。

（5）分析第3章的竣工沉降资料，桩基与疏桩基的沉降差，发现疏桩基础由于梯间处的桩基布置不当，没有注意桩的中心与建筑物形心相吻合，引起横向倾斜。因此，疏桩时务必同时做到"均衡疏桩、疏而不漏"的原则，并作为布桩原则。

我们把上述二项布桩的原则归纳于二个"八字要则"即"长桩疏布、宽基浅埋"与"均衡疏桩、疏而不漏"。从已建成的数十万平方米的疏桩基础工程实例与温州西堡锦园现场原型试验与实测，证明上述提出的设计要则是行之有效的。

5.3　疏桩基础模拟设计状态

5.3.1　疏桩基础承载力计算简图

疏桩基础的设计状态的研究，首先是建立在单桩工作性状基础上，并根据第3章图3-4静力试桩曲线而提出以下有关单桩特性分析。

图5-2（a）单桩受荷载 F 作用下，土体单元主要表现于剪应力，其应力分布规律为摩擦力曲线 a，影响范围近似（3～4）d。

图5-2（b）无桩承台在荷载 F 作用下，基础下土体单元主要表现于正应力，其应力

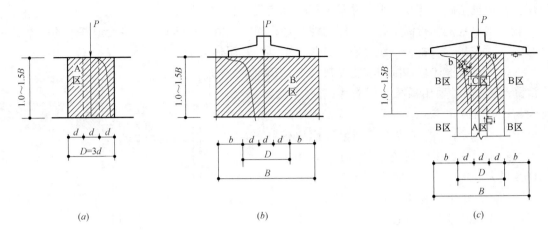

图 5-2　单桩模拟工作图

(a) 单桩荷载 P；(b) 无桩承台荷载 P；(c) 有桩承台荷载 P

分布规律为附加应力曲线 b，影响深度近似取用（1.0～1.5)B。

图 5-2（c）为桩承台在荷载 F 作用，其应力分布规律可视为图 5-2（a）与图 5-2（b）的叠加，此时应力可划分为三个区段：

A 区：桩周土单元主要表现于剪应力；

B 区：基底下土体单元主要表现于正应力；

C 区：为 A 区、B 区应力交叉重叠区，该区土体单元表现于剪应力与正应力共同作用。

5.3.2　单桩有承台承载力计算公式：

基于第 3 章图 3-4 所示的试桩曲线而提出的式（5-1），有关试验数据分析详见表 5-1。

表 5-1

项　　目	极限承载力(10kN)	安全系数 K	允许承载力(10kN)	沉降量(cm)
1—有承台单桩	21.25			0.14
2—无承台单桩	15.8	2	$[f]=0.72$	0.5
3—无桩承台	9.7	2～3	$[R]=6.5～4.2$	

上表可见：有承台单桩极限承载力 $Q_{极}$ 值，可以采用下式叠加法求得：

$$Q_{极} = Q_{桩基} + \alpha Q_{承台} \tag{5-1}$$

式中　$Q_{桩基}$——为单桩无承台极限承载力；

　　　$Q_{承台}$——为承台板带极限承载力；

　　　α——为承台效率系数，表明桩承台参与承载力的概念性系数。

根据表 5-1 的试验数据，该桩基承台的效率系数 $\alpha=0.56$。

$$\alpha = (21.25 - 15.8)/9.7 = 0.56$$

在实际工程设计时，对条形板带基础桩承台，由图 5-2 可近似作如下简化计算，承台板带宽度 B 按式（5-2）求得：

$$B = D + 2b \tag{5-2}$$

式中 D——A 区宽度 $D=3d$（d 为桩径）

$2b$ 为 B 区计算宽度，按一般天然地基承载力计算。

对照式（5-2），其应承台效率系数： $\alpha=2b/B$

$D=3d$ 是设定 A 区宽度，因为要发挥桩基的承载力，桩周土 $D=3d$ 范围的桩承台面积是用于发挥桩的摩擦力；在 $3d$ 以外 B 区桩承台才可能作承载力贡献。

以下对比案例一、二疏桩基础板带承载力计算，表 5-2 数据与表 5-1 试验值是比较吻合的，以上提出的简化公式通常可用于疏桩基础初步设计。

表 5-2

项 目	实例二		实例一
	A 单元	B 单元	C 单元
横墙地梁上的线荷载 q(kN/m)	20.3	17.4	13.0
疏桩率(%)	～30	～30	～70
天然地基承担荷载 q(kN/m)	6.1	5.2	9.4
天然地基基础自重(kN/m)	2.1	1.8	1.6
天然地基承担总荷载(kN/m)	8.2	7.1	10.7
天然地基换算承载力 $[R]$(kN/m)	7.0	7.0	6.0
天然地基Ⅰ区计算宽度 $2b$(m)	1.13	1.04	1.78
天然地基Ⅱ区宽度 $D=3d$(m)	1.20	1.20	1.13
合计天地基宽度 B(m)	2.37	2.21	2.01
选用承台板带宽度(m)	2.40	2.50	2.00
承台效率系数 $\alpha=2b/B$	0.49	0.51	0.80
备注	满足	满足	过大

从上表分析可见，实例二的两幢疏桩基础选用承台效率系数与试验数据较接近，竣工沉降量也较小。而实例一选用值偏大，所以竣工沉降量也相应偏大。由于我们初次作疏桩基础尝试工程，现在重新回顾，说明当时选用的承台效率系数偏大了。所以疏桩基础竣工沉降量相应偏高达 80mm。

图 3-4 分析表明：桩与承台共同作用时，无承台单桩由弹性阶段进入承载力极限所需变量远小于有承台单桩；并基于图 5-1 分析，提出疏桩基础设计状态模拟工作图（图 5-3），由于桩基的工作状态的不同而有互不相同的工况状态：

（1）图 5-3（a），疏桩基础当桩承台在外荷 q_a 作用时，基桩受力处在弹性工作阶段，也就是各基桩的承载力处在承载力特征值以下。

（2）图 5-3（b），当外荷 q_a 增加到 q_b 时，位在基础边缘桩的负荷首先从桩的弹性工作状态过渡进入承载力极限状态，也就是说部分基桩的承载力已超过承载力特征值。

（3）图 5-3（c），当 q_b 再继续增加到 q_c 时，承台下各桩基全部进入承载力极限状态。此时，桩作用于承台的反力便是固定的量值，与承台的沉降量无关。随后上部荷载继续加大，承台下桩间土也相继进入承载力极限状态。

根据上述疏桩基础模拟设计工作简图的分析，疏桩基础可区分为两种工况作设计：

"第一设计状态"即承载力极限状态荷载作用效应的"基本组合"与承载力极限状态

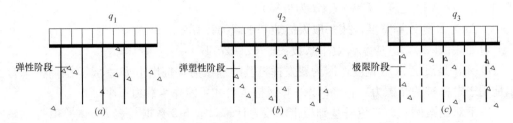

图 5-3 疏桩基础模拟设计工作简图

(a) 第二设计状态（弹性阶段）；(b) 过渡阶段；(c) 第一设计状态（极限阶段）

荷载作用效应的"偶然组合"，并以此组合进行承载力控制设计（图 5-3c）。

"第二设计状态"即把正常使用极限状态荷载作用"长期效应组合"并以此组合进行沉降量控制设计（图 5-3a）。

第一设计状态，桩的承载力及桩间土的承载力均达到极限值（图 5-3c），而正常使用极限状态即第二设计状态，桩与桩间土仍处在弹性、弹塑性阶段。可见，承载力控制设计与沉降量控制设计对应不同设计状态。必须把两个控制设计匹配地结合在一起，同时作为基础设计的控制目标，即"双控设计"。

5.3.3 按极限状态作工况时的承载力计算

根据图 5-3（c）当按极限状态设计工作简图，此时，承台各桩基全部进入承载力极限。桩作用于承台的反力便是固定的量值，与承台的沉降量无关。随后承台板带也由工作状态进入承载力极限状态。

此时，便可直接写出承载力极限平衡公式：

$$F_{总} = \sum F_{桩极} + \alpha \sum F_{承极} \tag{5-3}$$

式中　$\sum F_{桩极}$——为各单桩极限承载力总和；

　　　$\sum F_{承极}$——为各承台板带极限承载力总和；

　　　α——承台效率系数。

可见，单一平衡方程式作为疏桩基础设计依据，是基于疏桩基础的承载力的极限状态。此时，桩承台变形协调必然处在是处在静定状态，即桩承台与桩的结合处出现塑性铰。式中，承台效率系数 α 实际上是一个设计参数。

当把式（5-3）除以安全系数 2 则得疏桩基基础承载力计算公式：

$$F = F_c + F_m \tag{5-4}$$

其中

$$F_c = \zeta F \leqslant n_c \xi R_k$$

$$F_m = (1-\zeta)F \leqslant A_0 f_{spk}$$

$$A_0 = \alpha A$$

式中　F——作用于疏桩基础荷载标准组合值；

　　　F_c——基桩所承担荷载标准组合值；

　　　F_m——桩承台（桩间土或复合地基）所承担荷载标准组合值；

　　　ζ——荷载分配率（或 $\zeta = 1-\eta$）；

　　　n_c——桩总数；

　　　R_k——单桩竖向承载力特征值；

　　　A_0——桩承台有效计算面积；

f_{spk}——天然地基桩间土或复合地基承载力特征值；

ξ——基桩工作状态系数，取 1.0；

α——承台效率系数；

η——疏桩率。

桩承台有效面积 A_0 计算；

按极限状态模拟设计，实际上疏桩基础桩用作控制沉降其承载力发挥已超过标准值，桩间土在受荷过程中表现明显滞后作用，此时桩与桩承台（即桩间土）实际荷载分配就不同于正常工作状态按弹性阶段设计。

但为了使疏桩基础的承载力安全度仍然保持桩基与天然基础等同的安全系数，基桩工作状态系数 ξ 取 1.0；即在承载力计算时不考虑桩的超荷承载，仍然取用承载力特征值作设计。

在桩承台面积计算时，不是全部计算桩承台面积；而是计算有效承台面积是为了确保疏桩基础承载力补偿设计的安全度，其有效承台面积计算按下述方法进行：

（1）承台效率系数 α 法

所谓承台效率系数 α 系指桩承台的实际面积的有效利用率。根据第 9 章【工程实例 1】对疏桩基础承载力分析与计算 α 可选用 $0.5\sim0.8$；如偏安全考虑 α 值可取用 $\leqslant0.5$ 作设计，根据确定的 α 值，便可按下式求出桩承台承担荷载值 F_m

$$F_m = \alpha f_{spk} A \tag{5-5}$$

式中　A——计算范围内桩承台面积。

求出 F_m 后，再按式（5-4），计算桩承担的荷载值 F_c 计算出 F_c 后，便可求出设计桩数，在确定桩数时，不再考虑桩承台对桩的承载力的削减，因为此因素已计入承台效率系数 α 中。按此法设计，比较简便可行，但显得过于粗糙，它不能真实地反映桩间土的实际分布情况及桩位对桩间土的影响。

（2）桩基应力圆 Ω 法

利用承台效率系数 α，也可按桩基规范查表计算，但此表数据比较粗糙。一是实际工程中 S_a/d（桩中心距与桩径比）不是一个定值；二是 α 过于粗糙。

实际工程中，设计人员也可按图 5-4 作应力圆面积，按式（5-4）直接求得疏桩基础有效承台板带面积。

疏桩基础，实质上是利用桩间土的承载力来补偿减少基桩部分承载力，但由于桩间土的承载力不是全部可以使用的，因为它的一部分要用于维持桩基本身的承载力。桩的承载力从广义的概念出发也属于桩间土的承载力，但这一部分承载力则表现于桩与桩间土的摩擦力。

为了维持图 5-4 所示的桩周摩擦力则需要一定范围的桩间土，通常应以桩为圆心，如图 5-4 所示以 $3\sim4$ 倍桩径作其应力圆。余下的桩间土的承载力（阴影部分）则用来作承载力的补偿。此部分的承载力则表现于正应力，即桩承台反力，此时，在计算桩承台的有效面积时，应扣除各桩的应力圆面积，并按下式计算：

$$A = A_0 + n_c \Omega \tag{5-6}$$

式中　A——疏桩基础底面积；

　　　Ω——桩的应力圆面积，见图 5-4；

A_0——桩承台有效计算面积。

式中，Ω 可取用 $2\sim3$ 倍桩径作桩应力圆，当 B_c/L（承台宽度与桩长之比）较小时取用大值；当偏安全考虑取用大值。

5.3.4 按弹性阶段工作状态作工况时的承载力计算

根据图 5-1（a）当按正常工作状态作设计简图，桩的承载力处在特征值以下。桩作

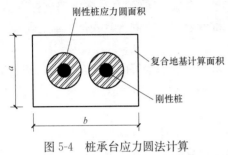

图 5-4 桩承台应力圆法计算有效面积示意图

用于承台的反力与承台的变形相关联。桩承台板带与基桩的工作状态均处在应变协调的弹性阶段，此时，疏桩基础的承载力平衡公式：

$$F_{总弹}=\sum F_{桩弹}+\alpha\sum F_{承弹} \qquad (5\text{-}7)$$

式中 $\sum F_{桩弹}$——各单桩承载力（小于特征值）总和；

$\sum F_{承弹}$——各承台板带承载力（小于特征值）总和；

α——承台效率系数。

可见，仅依靠式（5-7）承载力平衡方程式作为疏桩基础设计依据，是基于疏桩基础的弹性工作状态。此时，桩承台与基桩的承载力分配必须同时满足变形协调方程式。

1. 计算简图

对于图 5-5 所示的模拟工作图，精确求解，不仅涉及有关计算系数确定，而且还涉及数学上困难与计算繁杂。

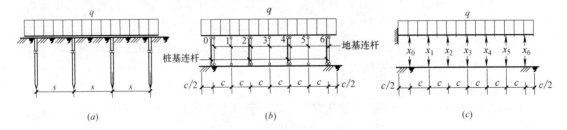

图 5-5 疏桩基础模拟计算简图

（a）模拟工作简图；（b）模拟计算简图；（c）力法计算简图

现应用广义的热莫契金连杆法原理，用图 5-5（b）的计算简图代替图 5-3（a）所示模拟图。此时，在承台梁与地基接触面上，虚设若干联系连杆：

（1）在桩位处虚设"桩基连杆"，用以连接桩基与承台梁；

（2）在地基处虚设若干等分的"地基连杆"用以连接地基与承台梁；

（3）在"桩基连杆"与"地基连杆"重合点设"组合连杆"来代替上述两个连杆。

2. 计算方法

（1）基本方程式建立

（略）详见第 13.1 章石砌圆形水池理论计算

（2）桩基反力与地基反力

地基反力：由地基连杆反力 X_i 求得 i 区段承台梁反力按下式计算；

$$P_{承台}=X_i/C \qquad C\text{——连杆间距}$$

桩基反力：由于地基连杆与桩基连杆合并为组合连杆；

设 i 点为组合连杆；X_i 求得地基与桩基连杆反力按下式计算；

$$X_i = X_{i地} + X_{ix桩}$$

$$X_{i地}/W_地 = X_{i桩}/W_桩$$

式中的 $W_桩$ 与 $W_地$ 分别表示桩基连杆与地基连杆的刚性系数。

（3）连杆刚性系数 ω 值确定

地基连杆 ω 值：

地基土的基本假定直接影响计算准确性。通常温克尔假定（基床系数假定）与弹性半无限体假定两种方法最为常见。按温克尔假定时，其基床系数 K 值按现场压陷实验求得，按弹性半无限体假定时地基土的压缩模量 E，通常由室内土工试验提供。

当为软弱地基表层土具有硬壳层时，根据现场载荷试验确定地基土综合弹性模量；文献现场试验资料见图5-6，从上述现场实测资料可见，淤泥地基土无垫层时的压缩模量 E 仅有 $15kg/cm^2$，在设有 60cm 厚砂砾垫层时，其综合压缩模量则增加到 4 倍。

所以在实际工程设计中，均应充分利用表层硬壳持力作用，如天然地表硬壳持力层较薄时，还应增加人工垫层。

桩基连杆 ω 值，通常应按静载试桩资料按下式确定：

$$\omega = N/e$$

式中，N 和 e 分别表示桩上荷载（kN）与该荷载下的沉降（m）。

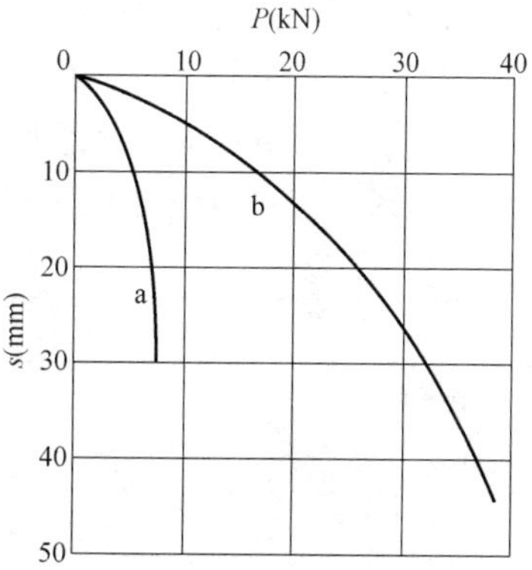

图 5-6 淤泥地基土综合
弹性模量试验
a—无垫层；b—有垫层

3. 工程实例计算

图5-7系第9章工程实例 [1]，温州市人民路改建工程 61 幢 C 单元疏桩基础的计算简图。

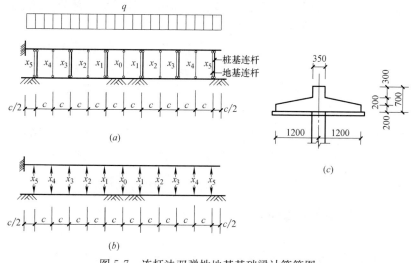

图 5-7 连杆法双弹性地基基础梁计算简图

（a）地梁模拟计算简图；（b）地梁计算简图；（c）地梁剖面图

计算参数：

（1）作用于横向地梁上的线荷载

$$q = 203 \text{kN/m}$$

（2）承台断面特性

$$E = 2.6 \times 10^6 \text{ t/m}^4$$

（3）桩径 $\phi = 377$、桩长 $L = 26.5$m 桩刚性系数，参照有关试桩曲线求得：

$$W_{桩} = 10600 \text{t/m}$$

桩距 $l = 2.32\text{m} > 6d$ （2.26m）

（4）地基具有天然硬壳层（约 1m）以下为淤泥地基，设综合地基压缩模量 $E_0 = 64\text{kg/cm}^2$，泊松比 $\nu_0 = 0.35$。

根据上述图式，利用对称条件，共可建立 7 个方程式（略）

利用电算解得计算结果列入表 5-3，根据桩与承台共同作用的机理，桩基处在弹性阶段。以图 5-3（a）工作状态作设计时，承台可分担荷载分量为 25%，此时，桩基承担分量为 75%，每单桩设计承载力应为 36t 计算。

表 5-3

	X_0	X_1	X_2	X_3	X_4	X_5	总和	承台反力	桩基反力
连杆反力	1.46	43.06	2.96	45.42	3.71	44.80	141.40		
桩基反力		34.45		36.34		35.84	106.63	25%	75%
承台反力	1.46	8.61	2.96	9.08	3.71	8.96	34.77		

5.4　疏桩基础承载力设计状态分析

"第一设计状态"即承载力极限状态荷载作用效应的"基本组合"与承载力极限状态荷载作用效应的"偶然组合"，并以此组合进行承载力控制设计是基于地基承载力极限状态单一安全系数法与承载力极限状态分项系数法的理论（详见第 3 部分"岩土思考"中有关地基承载力计算的第二、第三种理论）。

"第二设计状态"即把正常使用极限状态荷载作用"长期效应组合"作设计，是基于地基容许承载力法的理论（详见第 3 部分"岩土思考"中有关承载力计算的第一种理论）。

可见，疏桩桩基承载力设计方法是与当今地基承载力的三种设计理论（方法）相对接。

疏桩基础设计是一项系统工程，是与上部结构设计相协调，鉴于当今结构设计与地基承载力验算均建立在极限状态工况，所以承载力控制设计仍然推荐以第一设计状态作设计，而且计算相对地比第二设计状态简便。

5.5　疏桩基础承载力安全系数分析

概括而言，基础承载力安全系数系指建筑物失去稳定时所承受荷载的安全储备能力，对于天然地基的承载力极限荷载（如图 5-8 天然地基曲线所示）以地基失稳作为极限状态

来确定极限承载力。其安全系数表达式为

$$K_s = F_{us}/F_s \quad (K_s = 2-3) \tag{5-8}$$

对桩基极限状态则以桩达到图 5-8 桩基曲线所示"拐点"
承载力作为承受荷载的极限值。其安全系数表达式为

$$K_p = F_{up}/F_p \quad (K_s = 2) \tag{5-9}$$

比较上述二种极限状态时的建筑物稳定破坏特征，从图 5-8
可见天然地基达到极限承载力后，地基土就丧失承载力，导致
建筑物失稳，而失稳前的沉降量已远远超过建筑物的允许下沉
量。上述两式中：F_s、F_p 分别为天然地基与桩基的设计荷载。

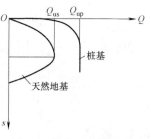

图 5-8 桩与天然地基的
极限承载力曲线

当桩达到承载力的极值时，桩的沉降曲线"拐点"对应的临界下沉降量还远小于天然
地基失稳时的下沉量。作为承载构件桩虽然达到极值，但并不丧失承载力，这与天然地基
浅基础是不同的。之后，随着沉降加大，危及建筑物，导致倾斜直至失去整体稳定，但需
要延续一个相当长的演变阶段。

可见，桩基承载力的安全可靠度远比天然地基大，所以桩基安全系数 K_p 取值自然小
于天然地基 K_s。当基础采用复合桩基时，桩嵌固地基的作用随着桩的含量增加而增强。
从复合桩基的破坏机理与特征分析可知，不能忽视桩的嵌固与拦截作用。

从承载力极限状态的可靠度分析，复合桩基界于桩基与天然地基之间，所以复合桩基
安全系数 K_{sp} 取值自然介于 K_s 与 K_p 之间，对于复合桩基安全系数的表达式仍可与天然
地基、桩基采用统一定义，用下式表示：

$$K_{sp} = F_{usp}/F_{sp} = (\beta F_{up} + \alpha F_{us})/F_{sp} \tag{5-10}$$

根据图 5-3（c）所示的复合桩基承载力极限设计状态，可建立极限平衡方程式：

$$K_{sp} = \beta F_{up} + \alpha F_{us} \tag{5-11}$$

比较式（5-8），（5-9），可见式（5-9）就是式（5-8）的定义。当把式（5-8），（5-9）
代入式（5-11），又可改写成

$$K_{sp} = \beta K_p F_p + \alpha K_s F_s \tag{5-12}$$

上述三式中：

F_{up}——桩基总极限承载力；

F_{us}——桩间土（天然地基）总极限承载力；

F_{usp}——复合桩基总极限承载力；

K_s——桩间土（天然地基）承载力安全系数；

K_p——桩基承载力安全系数；

K_{sp}——复合桩基承载力安全系数；

α——承台效应系数（<1）；

β——桩的负摩擦力效应系数（<1）。

上述各安全系数表达式都是建立在统一的安全系数定义上，都是以承载力极限状态平
衡条件为依据建立起来的表达式。从式（5-12）可见，复合桩基的安全系数不仅与桩基安
全系数、桩间土安全系数有关，而且与桩与桩间土荷载分配比例有关，是一个变数，在验
算复合桩基"承载力极限状态"安全系数时不能忽视。不能人为设定 $K_{sp} = 2$，否则，会
导致不安全与错误结果。这一结论与文献[27]所定义的公式一致。

第6章 疏桩基础实用设计法（二）（沉降量控制计算）

6.1 概述

疏桩基础沉降量计算是"控制沉降量设计法"的关键，是"以承载力作补偿的疏桩基础设计方法"的基础。

在第3部分"岩土思考"关于土的自重应力与沉降计算一节中已论及沉降计算的复杂性与计算黏性土沉降计算的分层综合法有关土的自重应力虚拟性，以及沉降计算引用的修正系数已超越工程有效数值范围。所以精确求解建筑物的沉降量可以说至今仍然是一难题。

事实上它具有明显的地区性，计算仅作为一种手段，应积累本地区实际工程沉降资料，作相应的回归曲线分析，求出地区性的沉降修正值。本节根据工程实践，提出如下实用方法供设计参考，客观地说也是粗糙的。

通常对一般民用建筑，应当允许建筑物有一定的沉降量。这不仅是疏桩基础桩与地基土共同工作的需要，而且是节约工程造价所必需的。须知，每控制一单位下沉量意味着工程造价的增加，如果把控制沉降量限制得过小，已超出实用意义时，就意味着工程浪费。

以下介绍的沉降计算方法是可以通过承台下地基土的沉降来完成，也可以通过承台下基桩的沉降来完成。这是因为复合桩基的桩承台沉降是等于承台下地基土的沉降，同时也等于承台下基桩的沉降。

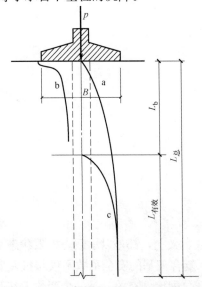

图 6-1 单桩有效承载力计算模拟图
a—无承台单桩摩擦力曲线；
b—$P_承$ 引起的附加应力曲线；
c—有承台单桩模拟计算摩擦力曲线

6.2 沉降计算—以地基土的沉降来完成

根据图 6-1 所示单桩模拟工作图，桩承台下地基土的应力区段的划分，我们设承台对桩的遮帘影响深度以 B 区应力范围为限，便可绘出图 6-1 有效承载力桩长计算模拟简图；由于桩承台下地基土的压缩变形，对位于桩承台下某一区段桩的摩擦力得不到发挥，所以每单桩实际发挥的承载力不可能达到极限值。

此时，桩的有效工作长度可近似按下式计算：

$$L_{有效} = L - L_B \tag{6-1}$$

式中，$L_B = (1.0 \sim 1.5) B$（B 为桩承台宽度）。

根据式（6-1）求出每单桩有效工作长度，然后求出每单桩有效极限承载力 F_p，再按下式求出桩承台实际荷载承担值 F_s：

$$F_s=F_总-n_c \cdot F_p \tag{6-2}$$

式中 $F_总$——荷载效应准永久组合值作用下传给基础总荷载；

$\quad\quad n_c$——为计算单元疏桩基础桩总数；

$\quad\quad F_p$——单桩有效极限承载力。

按式（6-1）与式（6-2）分别求得，基桩实际有效总承载力 $P_桩=n_c \cdot F_p$ 与桩承台地基土实际分承载力 $P_承=F_s$。然后我们按沉降计算分析简图（图6-2），把疏桩基础的建筑物总沉降量 s 分析为由地基土的沉降量来完成，即地基土由 $F_土$ 引起的下沉量 s_{mF}（b—承台基底面附加应力曲线）与地基土由基桩 $P_桩$ 引起的下沉量 s_{mp}（c—桩尖基底面附加应力曲线），则疏桩基础总沉降量 s 可用式（6-3）表示：

$$s=\psi(s_{mp}+s_{mF}) \tag{6-3}$$

从上述图 6-2 所示的沉降机理分析可见，它是建立在地基土的沉降来完成。但由于疏桩基础桩的间距较大；桩尖底下的附加应力引起的沉降 s_{mp} 能精确计算。

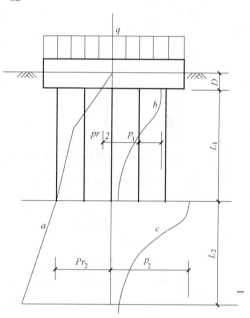

图 6-2 沉降计算简图

a—自重应力曲线；

b—承台基底附加应力曲线；

c—桩尖基底附加应力曲线

6.3 沉降计算—以桩基沉降来完成

本疏桩基础沉降计算方法作如下设定，当实际工程工作状态与设定接近时其计算结果具有相应精确度，可供工程设计应用。

（1）疏桩基础在"长桩疏布"条件下，随着桩的总量减少以及桩的间距加大，在计算基桩承担上部荷载 F_p 引起桩的沉降量 s_p，忽略桩与桩的互相影响即 $s_{pp}=0$；

（2）在疏桩条件下基桩的沉降量相对桩间土（天然地基或复合地基土）的下沉量是二阶值，可以忽略桩对桩间土的牵连沉降；在计算桩间土承担上部荷载 F_s 引起的沉降量 s_s，此时不考虑桩对地基影响，即 $s_{sp}=0$；

（3）根据第 4 章疏桩现场原型试验，见图 4-3，当基桩达到承载力极限时，由于桩已处于拐点承载力；此时，地基土（桩间土）承载 F_s 引起的地基土压缩下沉 s_s，对桩周产生的负摩擦力引起刚性桩牵连下沉 $s_{ps}=s_s$；

（4）根据第 4 章疏桩现场原型试验，刚性桩、柔性桩、桩间土的应力与荷载关系曲线图（图 4-2）分析表明：刚性桩具有超前、超荷的极限承载力即拐点承载力（$1.6R_k$），而后桩间土（复合地基）才开始缓慢受荷，而实际承受的荷载仅为地基的承载力特征值的 f_{spk} 的 0.3 倍，表现明显滞后作用。

基于上述四项设定，此时疏桩基础的沉降按下式计算：

$$s=\psi(s_{pF}+s_{pm}) \tag{6-4}$$

式中 s——疏桩基础在荷载效应准永久组合值作用下的桩承台沉降量；

s_{pF}——基桩在荷载效应准永久组合值作用下实际承载量引起的基桩沉降量；

s_{pm}——桩间地基土（或柔性桩形成的复合地基）在荷载效应准永久组合值作用下实际承载量引起的对基桩牵连沉降量；

ψ——沉降计算经验修正系数，无当地经验时，可取 1.0。

本计算法是通过桩的沉降来实现。从第 4 章疏桩基础现场试验的图 4-2 与图 4-3 可以看出：

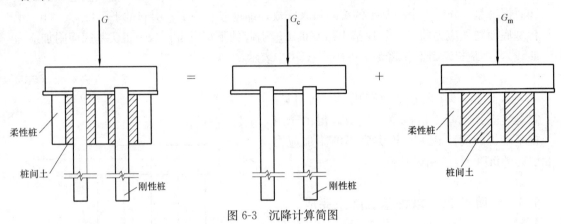

图 6-3　沉降计算简图

（1）疏桩基础桩具有超前、超荷承载的工作特性，承台在外荷作用下，基桩首先进入承载状态，直至达到超荷承载极限值（1.6～1.8R_k）。此时，桩承台的下沉主要取决于桩的沉降量 s_{sp}。

（2）随后，桩进入屈服工作状态（图中的水平拐点），当外荷载继续增加，桩不再承担外荷载；此时，由桩间土（或柔性桩形成的复合地基）发挥承载作用，产生地基土的压缩沉降 s_m。它的压缩下沉使桩周土产生负摩擦力，由于桩已处在屈服工作状态，在桩周的负摩擦力作用下，迫使桩下拉牵连变位，其沉降量可近似设定 $s_{sm}=s_m$。

（3）根据第 4 章疏桩基础的现场试验，桩的沉降与地基土的沉降是存在时间差，所以桩的总沉降量可近似采用上述二项叠加计算，即桩的总沉降由桩体在承载极限 p 时（拐点）的下沉量 s_{sp} 加以地基土的压缩下沉牵连桩体下沉 s_{sm}。

根据上述图 4-2 与图 4-3 以及《刚-柔性复合桩基技术规范》DB33/T 1048—2010 的规定，在沉降计算时，其中桩应考虑超荷承载，引用刚性桩工作状态系数 ξ 一般取 1.4～1.6。然后分别求得桩与桩间土承担上部荷载值。

从现场原型试验实测表明，一些文章设定刚性桩的承载力发挥按 100% 极限承载力（2.0R_k）作设计，这样会导致沉降计算时，计算值偏小；在承载力计算时，导致安全系数计算值偏大，这种做法是不可取的。

6.3.1　基桩受荷引起沉降计算方法

由桩承载引起的桩承台沉降量 s_{sp} 有二种计算法。

（1）按现行国家标准《建筑桩基技术规范》JGJ 94—2008 第 5.6.2 条的方法计算桩承载引起的桩承台沉降量 s_{sp}。

该方法根据弹性理论桩侧剪切位移传递法计算桩对土影响的沉降增加值 s_{sp}，回避了桩端塑性刺入引起的变形影响。

（2）通过工程静载荷试桩曲线计算桩承载引起的桩承台沉降量 s_{sp}。

$$s_{sp} = n_c U/A = n_c (4.78 d^2 \pi s_0)/A \tag{6-5}$$

式中　n_c——刚性桩总数；

　　　U——单桩桩侧剪力引起桩周土剪切位移沉降体积 $U = (4.78 d^2 \pi s_0)$；

　　　d——刚性桩身设计直径；

　　　A——承台底面积；

　　　s_0——由单桩静荷载试桩曲线求得的刚性桩的沉降量（作用于刚性桩上的荷载应计入刚性桩工作状态系数，ξ 值一般取用 1.6～1.8）。该方法综合反映了桩端及桩间土的特性、桩身变形、桩端塑性刺入变形等诸多因素（该方法参照刘惠珊提出）。

6.3.2　桩间土受荷引起沉降计算方法

地基土在荷载效应准永久组合值作用下引起的桩承台沉降量 s_m 按下列公式计算：

$$s_m = s_{m1} + s_{m2} \tag{6-6}$$

其中

$$s_{m1} = \sum_{i=1}^{n} \frac{\Delta p_i}{E_{spi}} h_i$$

$$E_{sp} = m E_p + (1-m) E_s$$

式中　s_{m1}——复合地基加固深度范围内的压缩沉降；

　　　s_{m2}——在复合地基深度底部的附加压力引起的沉降，可按现行国家标准《建筑地基基础设计规范》GB 50007 的有关规定进行计算。

6.4　疏桩基础沉降简化估算法

图 6-4 所示对按极限状态作模拟设计建筑物，其沉降值估算按式（6-7）对直线 a 进行内插：

$$s_{疏} = \eta s_{天} + (1-\eta) s_{桩} \tag{6-7}$$

式中　$s_{桩}$——疏桩率 $\eta = 0$ 即表示桩的沉降量；

　　　$s_{天}$——疏桩率 $\eta = 100\%$ 即表示天然地基的沉降量；

　　　η——为疏桩基础的疏桩率（％）。

显见，采用上述直线内插方法是粗糙、偏大的，实际上建筑物的沉降量 s 不是与疏桩率 η 成直线关系，而是成曲线 b 变化。如果我们有对比工程实例，确定地基土的"最佳桩基容量"就可以根据折线 c 来取代曲线 b，再用它来修正直线 a。

疏桩基础的沉降量通常与疏桩率相关联详见表 6-1。

从表 6-1 可见，实例一，当疏桩率达 70％时 A 幢沉降明显地超过 B 幢；而实例二，当疏桩率为 30％时，其沉降量反而 A 幢比 B 幢小（注：括号内

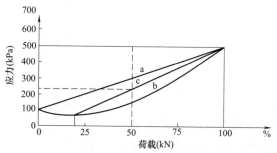

图 6-4　沉降量 s 与疏桩率 η 的变化曲线图

数为终止沉降量）。

表 6-1

工程号		疏桩率（%）	桩密度根/（m²）	竣工沉降（cm）	沉降比 A/B	备注
实例一	A	～70	0.094	8.4(25)	1.85～1.25	同一类型五层砖混结构
	B	0	0.332	4.3(20)		
实例二	A	～30	0.220	1.8	0.44	不同类型 七层砖混结构
	B	0	0.333	2.3		

从表分析可见：

（1）疏桩率越大，其建筑物沉降量越大；

（2）当疏桩率达到地基土最佳桩容量时，其建筑物沉降量为小，可认为在饱和软土地基，地基土对桩的容量必定存图 6-5 所示的一个"拐点"，用一般函数式表示：

$$s = f(w) \tag{6-8}$$

式中 s——建筑物沉降量；

w——地基土桩容量。

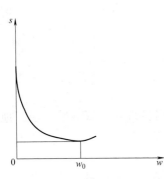

图 6-5 最佳桩容量 s-w 曲线

当其 w 达到 w_0 时，建筑物沉降量为最小。我们称 w_0 为地基土最佳桩容量。本工程采用的疏桩率 30% 对比桩基沉降可认为已达到了地基土最佳桩容量。

表 6-2 为工程实例一、二、三（实例一：第 4 章图 4-1A 与图 4-2B；实例二第 9 章【工程实例 2】图 9-2A 与图 9-2B；实例三：第 9 章【工程实例 1】9-1A 与图 9-1B）。有关计算数据与计算步骤一并列入表 6-2。计算步骤按表序号依次进行，具体计算略。

从表 6-2 沉降计算结果表明，本节推荐方法具有一定可靠性与实用性。但由于沉降计算本身的复杂性，就连传统的桩基础、天然地基基础的沉降计算至今还不完善。而疏桩基础的沉降计算的准确性，在很大程度上有赖于桩基与天然地基沉降计算的可靠性，尤其是天然地基沉降量的计算直接影响着疏桩基础沉降计算的精度。

表 6-2

序	项目	实例一			实例二			实例三		
		天然基地	疏桩基础	桩基	天然地基	疏桩基础	桩基	天然地基	疏桩基础	桩基
1	上部结构传来总荷载		2270			2720			2760	
2	桩总数（根）	0	36	126	0	97		0	74	106
3	疏桩率（%）	100	70	0	100	43	170	100	30	0
4	设计桩长（m）		20			18	0		26.5	
5	单桩允许承载力（kN/根）		18			16			26	
6	有效桩长（m）		15			13	26.5		22	
7	单桩有效承载力（kN/根）		30			25			40	
8	桩基实际发挥总承载（10³N）		1080	2270		2425			2760	2760
9	承台实际分组总荷载（10³N）	2270	1190	0	2720	295	2720	—		0
10	基础底板外缘尺寸 $L \times B$(m)	37.16×12.65			36.0×13.60			28.7×14.0		

续表

序	项目	实例一			实例二			实例三		
		天然基地	疏桩基础	桩基	天然地基	疏桩基础	桩基	天然地基	疏桩基础	桩基
11	底板附加应力(kN/m²)	4.8	2.5	—	5.6	0.6				
12	Ⅰ区地基土引起沉降量(cm)	70	36	—	51	5		50	—	—
13	Ⅱ区地基土引起沉降量(cm)	0	3.8	8.0	—	11	13	—	<5.4	5.4
14	总沉降量 s(cm)	70	40	8.0	51	16	13		<5.4	5.4
15	按方法二计算沉降量(cm)		30			16			<5.4	5.4
16	实际沉降量(cm)竣工/一年后		7.3/14.5	3.4/4.4		4.0	3.6		1.0	2.3

第7章 疏桩基础实用设计法（三）（疏桩技术）

7.1 概述

疏桩基础的布桩方法自然与一般的常规桩基不同，常规桩基设计，仅把桩用作承重构件，上部荷载全部由桩来承担，其桩位布设主要根据上部荷载来确定桩的承载力和桩的间距。

疏桩基础则不同，因为桩不仅用作承重构件，同时用作加强建筑物稳定性与控制沉降构件进行设计。因此，它具有双重功能。从上可知，用少量的桩进行设计，这里就有一设计技术问题，我们把这一技术，简称为疏桩技术，在实际工程设计中就涉及布桩技术。须知，用同量的桩，采用不同布桩方法，其工程效果是不一致的，甚至差异很大。

7.1.1 离散布桩法

根据有关群桩现场实测、模型试验揭示了荷载在桩间的不均匀分布，其特征一般表现为角桩最大，边桩次之，中心最小[15]。根据这一特征在进行疏桩基础布桩时，应把原位于中心部位桩基向边缘桩、角桩处离散，这是充分发挥各单桩承载力与加强建筑物抗倾稳定性所必须。

图示 7-1 系某五层住宅应用"离散法"进行桩位设计案例，桩基采用振动沉管灌注，桩径 377、桩长 25m；桩基分布沿两侧外悬离散，桩距达 $(6\sim9)d$，疏桩率 35％。

表 7-1 为建筑物竣工沉降量，从表可见，最大沉降差仅 $0.4\sim0.5$cm。表 7-2 抗倾特征分析对照表，从表可见采用离散布桩的各单桩抗倾承载力明显大于等间距布桩基础。

表 7-1

沉降观测点	1	2	3	4	5	6	平均
竣工沉降量(mm)	21	18	25	24	16	21	21

表 7-2

编号	图例	桩数（根）	疏桩率 η（％）	桩基抗倾惯性矩 I	$\dfrac{I_a - I_b}{I_a}$	单桩平均抗倾 I	$\dfrac{I_b'}{I_a'}$
a		9	0	$60a^2$		$6.67a^2$	
					13.7％		1.30
b		6	33	$52a^2$		$8.67a^2$	

注：在上述算例由于在地梁惯性矩时计算，没有计入横墙刚度。

7.1.2 疏化桩基技术

疏化桩基就是对常规桩基设计桩的数量进行精简与疏化。按设计要求，确定预定疏桩率进行精简与疏化，根据我们现有实践，可按以下两种方法进行疏化桩基：

方法一：按预定的"目标疏桩率"进行疏化，所谓"目标疏桩率"，就是设计者根据预估沉降量来确定设计疏桩率。

在进行桩位设计时，我们预先把单桩设计承载力提高 $(1+\eta)$ 倍，再按常规方法进行桩位设计。在初步确定疏桩基础桩位图，然后再按 7.2 节设计步骤进行桩位的调整与相关验算。

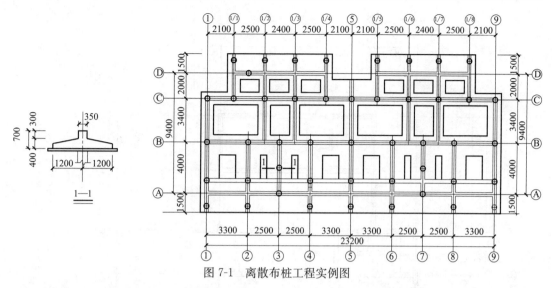

图 7-1 离散布桩工程实例图

方法二：先按常规桩基础进行设计，即 $\eta=0$。然后，根据预定的疏桩率，并按上述的离散布桩法进行桩位图布置，逐次进行精简与调整。在精简过程中，首先保留那些对建筑物控制沉降与稳定起着宏观控制的位置上的基桩，如位于建筑物的边缘柱、悬挑桩、角点桩，以及上部荷载传力途径起直接作用的桩位。然后逐次精减与调整较稠密区部位的基桩以及位于较次要位置的基桩，如建筑物中心区桩位或位于整体刚度较大部位的桩基，达到预定的疏桩率并初步确定桩位图。

上述方法一、方法二其精简，疏化原则是一致的。桩基分布向建筑物边缘处集中，向中心区离散，中疏外密、离散布桩。

方法一设计程序、步骤较直接，但初学者较难把握。方法二设计程序、步骤较繁琐，但初学者，较易把握，而且做到心中有数。

7.2 疏桩基础设计步骤

（1）确定合理设计桩长及相应单桩承载力特征值。

（2）根据预估允许沉降量，初步选定目标疏桩率 η 值。

（3）按常规设计要求，设 $\eta=0$ 时作出桩位布置图。

（4）按方法二，逐次对上述桩位图进行精简、疏布、调整、离散，直至达到预定疏桩率。

（5）按承台效率系数法、对精简部位桩基进行承载力补偿，初步确定各相应桩承台板带尺寸。

（6）根据 5 章桩基应力圆法，对各条形板带或桩承台基础，验算桩间土承载力。

（7）桩位调整与建筑物偏心矩验算，因为采用少量桩进行离散布桩，桩基的合力中心不是一次布桩可以吻合建筑物重心轴的。

（8）沉降量验算：验算结果如达不到设计要求，要重新调整目标疏桩率。

7.3 工程实例

本节通过具体工程设计实例，叙述疏桩基础设计有关步骤与方法，以供实际应用时参考。图 7-2 所示系温州市某住宅商品房标准层平面图。

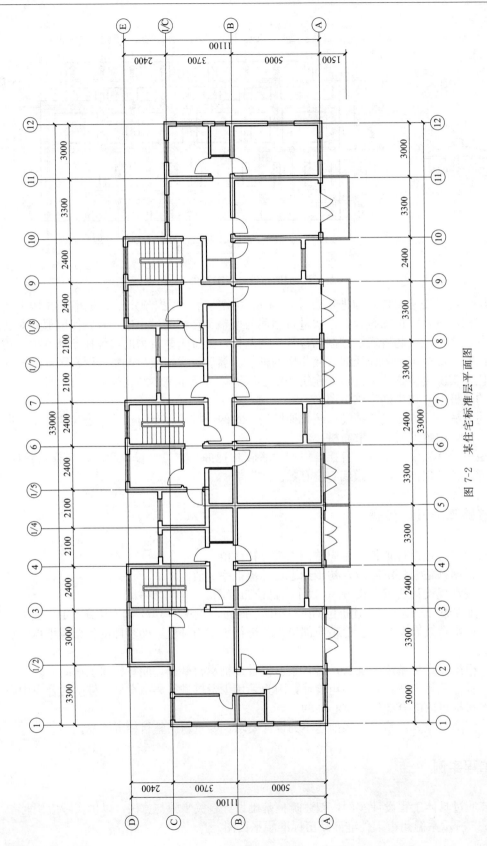

图 7-2　某住宅标准层平面图

该建筑物建于淤泥质软土地基，地质资料见表7-3。

表7-3

层次	土名	埋深(m)	R(kPa)	E(MPa)	f(kPa)
1	黏土	1.0～1.2	90	3.5	28
2	淤泥1	15.4	42	0.95	12
3	淤泥2	23.2～23.69	52	1.4	16
4	淤泥质黏土	～32.7	62	2.5	22
5	亚黏土	35～35.5	160	6.1	45

该工程为六层砖混结构，横墙承重，一、二层实砌，三、四层平砌，五、六层立砌均为250厚砖墙，各轴荷载见表7-4（注：包括基础部分自重、其中砖墙砌体自重已扣除相应门窗洞口尺寸）。

承台带计算表

表7-4

1	2	3	4	5	6	7	8	9	10	11	12	13	14	15
轴线编号	轴线荷载 p(t/m)	轴全长 L(m)	轴总荷载	轴上总桩数 n（根）	单桩允许承载力 P(t)	轴上桩总承载力 P	承台分担荷载量 P	单桩影响圆面积 S	轴上桩总影响圆面积（按虚线范围）$n \cdot S$	桩承台总面积	承台有效面积 ΔS	桩间土允许承载力 $[R]$	承台总允许承载力 $P_承$ (t)	计算承台承担值比
1	12.8	8.7	111	4	255	102	9.3	1.4	6.2	136	6.8	4.5	31	>3
2	17.85	5.0	99	3	25	77	22	1.4	4.6	102	5.6	4.5	25	22
3\4\6	16.85	11	194	6	25.5	153.	41	1.54	9.2	178	8.6	4.5	39	～41
5	18.19	6.6	19	4	25.5	102	37	1.4	6.2	122	6.0	4.5	27	37
A	7.2	33	28	8	25.5	204	34	1.4	12.3	358	235	4.5	106	34
B1～3	12.3	6.3	75	2	25.5		27	1.4	3.1	9.3	6.2	4.5	28	27
B3～6	7.1	3.3	23			51	25				4.3	4.5	20	3
E	6.2	2.4	15							2.9	2.9	4.5	13	～5
1/4	14.5	3.3	48	2	25.5	51								
1/5	14.0	4.5	65	3	25.5	77								

7.3.1 桩长确定与基础埋深

按第5章提出的设计要则："长桩疏布、宽基浅埋"设计桩长 $L=27m$（限于机架），桩长伸入层（4）淤泥质黏土，为振动灌注桩。单桩承载力特征值255kN，桩长度满足 $L>1.5B$（B 为建筑物宽度）。

桩承台板带基础采取浅埋，去除表层耕植土约30cm，保留地表硬壳黏土层约1m，并铺以人工片石垫层，用压路机压密后不少于30cm，作基层。

7.3.2 绘制常规桩基桩位图

根据表7-4示的各轴线荷载、按常规方法作基础图设计（图7-3），桩总数为126根。

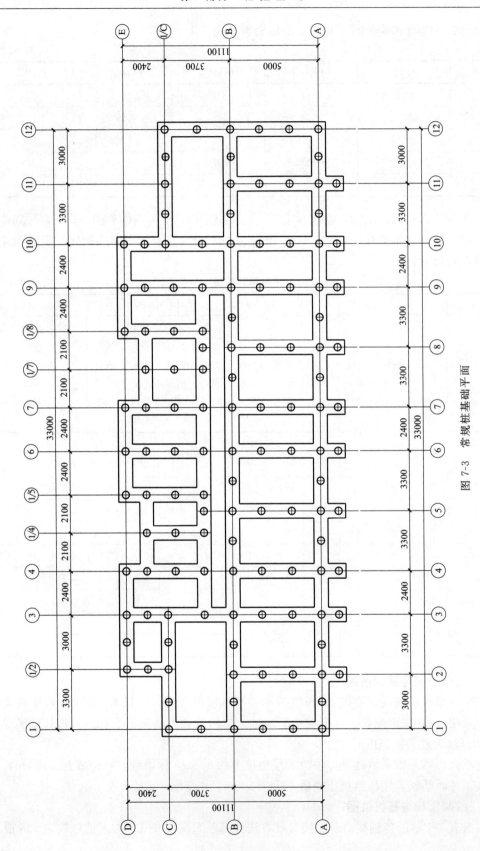

图 7-3 常规桩基础平面

7.3.3 初步确定疏桩基础平面图

按"目标疏桩率"（初选时用 $\eta=30\%$），进行疏化并按上述方法二，逐次对图 7-3 桩基础进行精简、疏化、调整、离散；桩总数由原设计 126 根精简至 86 根，其疏桩率 $\eta=(126-86)/126=32\%$ 达到预先选用的"目标疏桩率"初步绘制图 7-4 示疏桩基础桩位图。

在上述初步确定疏桩基础桩位图后再按第 5 章的承台效率系数法，对上述图 7-4 进行各相应轴的承台面积计算，并绘出图 7-4 所示的初步疏桩基础平面图。

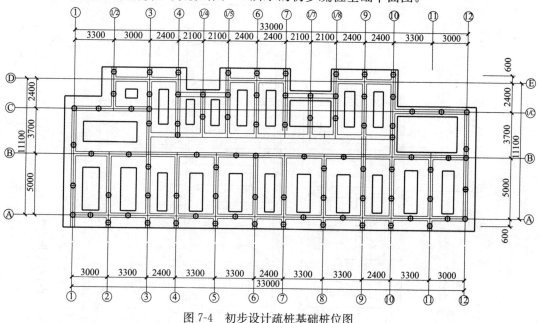

图 7-4 初步设计疏桩基础桩位图

7.3.4 确定疏桩基础平面图

在上述初步确定疏桩基础桩位图后，按图 7-5 所示进行各相应轴的承台有效面积计算，并绘出图 7-6 所示的疏桩基础结构平面图。

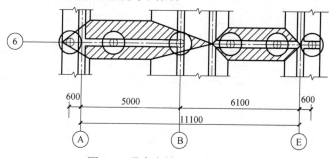

图 7-5 承台有效面积计算简图

7.3.5 疏桩基础结构图验算与调整

上述确定的疏桩基础结构平面图后，再按下列程序进行验算与调整：

（1）桩间土承载力验算

根据图 7-6 所示的对角线分割法（虚线表示），把纵、横墙桩承台面积进行分割，然后按每板块分割范围，计算各相应桩承台面积，再按第 5 章的桩基应力圆法，按图 7-5 所示承台有效面积计算简图，验算桩间土的承载力，具体运算见表 7-5。

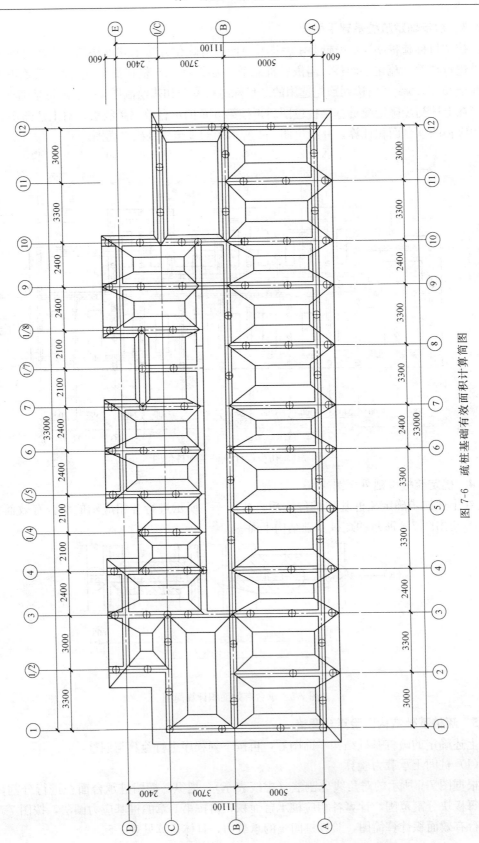

图 7-6 疏桩基础有效面积计算简图

（2）基桩承载力验算

根据图7-6所示的桩位图，按图示的对角线分割法（虚线表示），验算各基桩承载力设计值，具体运算略。

（3）建筑物重心轴计算

图7-7所示建筑物重心轴计算简图，各纵墙作用于简图上的集中力位置按投影关系确定，各横墙、楼板屋面、基础等自重均用叠加合并确定相应均布荷载（为准确确定重心轴位置，所有活载均不参加计算，同时各纵、横墙应扣除门窗洞口面积），计算结果详见表7-5，求各荷载对 E 点静矩，再求得重心轴位置 e：

$$e = \sum M_E / \sum N_I = 16198/2682 = 6.04\text{cm}$$

式中　$\sum M_E$——为各荷载对 E 点静矩总和；

　　　$\sum N_I$——为各荷载总和。

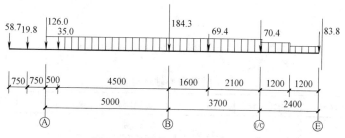

图 7-7　建筑物重心轴计算简图

建筑物重心轴计算表　　　　　　　　　　　　　　　　表 7-5

轴号	洞口系数	线荷载（10^4N/m）	轴全长 L(m)	总线 $D=qL$（10^4N）	力矩 e（m）	力矩 $M=P\cdot E$（10^4N·m）
				58.7	12.6	733.3
				19.8	11.85	234.6
A轴	0.7	6.98	250	126.0	11.10	1022.8
1/4	0.7	6.98	7.2	35.2	10.6	373.0
D轴	0.8	6.98	33	184.3	61	1124
C轴	1.0	3.40	20.4	69.4	4.5	313.3
	0.8	6.98	4.8	26.8	3.3	88.5
1/C轴	0.8	6.98	12.6	70.4	24	169.0
D轴	0.8	6.98	8.4	46.9	1.2	56.3
E轴	0.8	6.98	15	83.8	0	0
q_1		155	8.7	1349.4	6.75	9018
q_2		128	1.2	153.6	1.8	276.5
q_3		95.2	1.2	114.2	0.6	68.5
基础				354.5	6.0	2124
$\sum$				268.2	6.04	16198

（4）桩基合力中心轴计算

通常复合桩基各单桩承载力特征值是相同的，因此桩基合力中心轴即位于桩基形心轴位置上。

图 7-8 所示为桩基形心轴计算简图，各桩在简图上的位置按投影在横轴上坐标确定，并统计各坐标轴上相应桩总数，计算结果详见表 7-6，并计算各轴上桩对 E 点的静矩，再计算其桩基形心位置 e_2。

$$e_1 = \frac{\sum n_1 e_1}{n_1} = \frac{506.4}{86} = 5.88 \text{m}$$

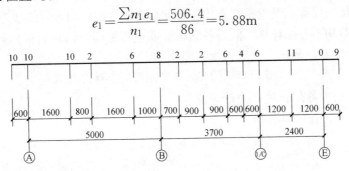

图 7-8 桩基中心轴计算简图

表 7-6

桩基形心轴计算表

桩位（轴）	桩数（根）	桩距（m）	静距（根·m）	桩位（轴）	桩数（根）	桩距（m）	静距（根·m）
	10	11.7	117	C轴	2	4.5	9.0
A轴	10	11.0	110		6	3.6	21.6
	10	9.5	95		4	3.0	12.0
	2	8.7	17.44		6	2.4	14.4
	6	7.1	42.6		11	1.2	13.2
B轴	8	6.1	48.8		9	−0.6	−5.4
	2	5.4	10.8	$\sum$	86	5.88	506.4

（5）桩基应力验算：

由表 7-5 得建筑物重心轴坐标 $e_1 = 6.04$m，表 7-6 求得桩基形心轴坐标 $e_2 = 5.88$m。则求得建筑物对桩基的偏心距 e：

$$e = e_1 - e_2 = 6.04 - 5.88 = 0.16$$

再按表 7-7 计算桩基对形心轴 e_2 求惯性矩 I

$$I = \sum N_i (e_1 - e_2)^2$$

式中　N_i——各坐标位置上桩数；

$e_1 - e_2$——各相应轴上桩至桩基形心距离。

桩基断面模量 W 计算：

$$W = 1/Y_{max} = 152/5.82 = 262.7 \text{m}^2$$

根据上述求得偏心距 e，再按下式验算边桩基最大桩力 Q_{max}

$$Q_{max} = (1-\eta)N/n + Ne/W \leqslant 1.2 [Q_{桩}]$$

$$Q_{max} = (1-0.32)3210/86 + (3210 \times 0.16)/262.7 = 254 + 19 = 273 < 306 \text{kN}$$

验算结果表明满足偏心矩引起的附加桩力的要求。

桩惯性矩 I 计算表　　　　　　　　　　　　　　　表 7-7

桩位(轴)	桩数 n_i	e_i-e(m)	$n_i(e_i-e)^2$(m²)	桩位(轴)	桩数 n_i	e_i-e(m)	$n_i(e_t-e)^2$(m²)
	10	5.82	338.7		2	−1.38	3.80
	10	5.22	272.5		6	−2.28	31.2
	10	3.62	131.4		4	−2.88	33.2
	2	2.82	15.8		6	−3.48	72.7
	6	1.22	8.9		11	−4.68	240.9
	8	0.22	0.4		9	−6.48	377.9
	2	−0.48	0.5	Σ	86		1529

（6）建筑物沉降量验算

初估沉降量可按第 6 章的简化方法求得；即按桩基沉降与天然地基沉降量作基点，按疏桩率进行内插。由于该工程疏桩率 $\eta=32\%$ 已接近地基土"最佳桩基容量"可不需作沉降计算（注：当选用较大疏桩率时，沉降验算不满足时，应再行重复设计，直至满足要求）。

第三篇 工 程 实 践

工程实践是检验设计成果的唯一标准，从这一理念出发，再来检验其基本原理与设计方法。本工程案例均来自作者参与的工程实践，所提供的数据、资料、经济对比等具有真实性、可靠性。对案例分析作深入浅出的论述，有助于读者深层次的理解并掌握疏桩基础实用设计方法，共分2章来叙述。

第8章 实用设计条文与施工要点

8.1 疏桩基础一般规定

8.1.1 设计依据

疏桩基础是以"复合桩基及其设计方法"（专利号：ZL0311526.5）的发明专利为核心技术，实施"双控设计"共同承担上部荷载的一种组合型的桩基础，由主体刚性桩与复合体（桩）组成。

8.1.2 主体刚性桩桩型

一般同常规桩基础设计所采用的桩型，常用有：湿作业机械钻孔灌注桩、干作业机械钻孔灌孔桩、振动或静压沉管灌注桩、静压或锤击预应力管柱、预制方桩、空心桩、异型桩等。

8.1.3 主体刚性桩的受力要求

一般是以摩擦力为主的端承摩擦桩设计，对端承桩（不完全[①]）应慎重采用，对完全端承桩（嵌岩桩）不应采用。

8.1.4 主体刚性桩设计用桩量（目标疏桩率 η）

这是设计的关键，根据"双控设计"要求与现有工程实践，一般取用 $\eta=40\%\sim60\%$。通常应用多层建筑可取用高值，高层、小高层建筑取用低值，采用这一推荐的疏桩率是可以达到理想用桩，提高与改善天然地基的稳定性与可靠性。建筑物的下沉量，很快达到稳定并满足一般建筑物对控制沉降设计的要求，同时工程经济效益显著。

8.1.5 主体刚性桩设计桩长

采用长桩疏布，可有效防止和减少桩间土的压缩下沉对主体桩的下拉作用。桩长 L 一般必须＞（1.5～2.5）b（b 为建筑物宽度），它是桩体控制沉降所必需的。同时根据地基土层分布情况，桩尖宜进入有合适的、较好持力层。

---

① 通常指机械钻孔灌注桩有沉渣的情况。

8.1.6 主体刚性桩单桩承载力特征值

主体刚性桩单桩承载力特征值应通过单桩静载荷试验确定①。当还没有进行桩的静荷载试验时，可按一般经验公式估算。

8.1.7 主体桩间距

采用疏布，为防止相邻桩的承载力的衰减，疏桩后随着桩数减少，桩与桩的相互影响也随之减少。桩距一般应比常规桩基础大，宜选取用（4～6）d（d 为桩径）。但过大桩距会使承台尺寸相应加大，要综合考虑。

8.1.8 桩承台形式

桩承台基础形式与上部柱网尺寸及主体桩与复合体（桩）的比数等因素有关，需作技术经济分析比较确定。通常对大柱网尺寸的工业厂房及高层或小高层建筑以独立桩承台为主；对柱网尺寸较小的工业厂房或多层的民用住宅，以条形板带式桩承台为主。

8.1.9 主体刚性桩布桩特点与方式

总体布桩根数取决于选用的目标疏桩率 η，工程实测表明：边桩、角桩的承载力发挥值大于中心部位桩基，在实际布桩时，应考虑桩基实际受力情况。为了提高建筑物的抗倾能力与确保桩身超前承载强度安全度，在平面布桩宜采用"中疏外密"的离散布桩法，桩位布置不是一次完成的，需要多次反复调正、优化。

8.1.10 主体桩合力中心验算

应对主体刚性桩的合力中心位置进行调整，以防止由于偏心荷载而引起不均匀沉降，提高建筑物抗倾能力。由于疏桩基础刚性桩用作控制建筑物的沉降构件设计，因此同常规桩基设计是不同的。所以，必须校核建筑物在竖向荷载长期效应组合状态下合力作用点与主体桩合力中心进行整体吻合调整。

8.1.11 主体刚性桩桩身强度验算

原型试验结果表明，主体刚性桩实际发挥的承载力已超过其自身承载力特征值，一般选用超前系数 $K=1.5\sim1.8$ 来验算桩身强度，这就是说实际发挥到 $(1.5\sim1.8)R_k=(0.75\sim0.9)R_u$。复合体水泥搅拌桩表现滞后效应，在验算桩身强度时，其强度折减值可适当提高。

8.1.12 刚-柔性复合桩基沉降计算

本沉降计算方法引自《刚-柔性复合桩基技术规程》DB-33/T 1048—2010 第4.2.9 条：

$$s=\psi(s_{sp}+s_m)$$

式中 s——复合桩基在荷载效应准永久组合值作用下的桩承台沉降量；

s_{sp}——刚性桩在荷载效应准永久组合值作用下引起的桩承台沉降量；

s_m——柔性桩形成的复合地基在荷载效应准永久组合值作用下引起的桩承台沉降量；

ψ——沉降计算经验修正系数，无当地经验时，可取 1.0。

注：有关沉降计算理论分析详见第6章疏桩基础实用设计法二。

8.2 复合体桩类型

8.2.1 刚-柔性复合桩基

（1）深层水泥搅拌桩作复合体

---

① 宜做主体桩穿过复合体（桩基竣工后）与试成桩（未施工复合体）的静荷载对比试验。

（2）高压旋喷桩

（3）低标号钢筋混凝土桩

8.2.2 长-短桩性复合桩基

（1）同主体刚性桩同一类型桩体

（2）预应力管桩

（3）低标号钢筋混凝土桩

8.2.3 卸荷型复合桩基

（1）深层水泥搅拌桩加固基坑土层

（2）高压旋喷加固基坑土层

（3）没有隆起破坏原状土

8.3 复合体承载力补偿值设计

疏桩后主体桩的承载力自然不足（实际发挥到 $0.75 \sim 0.9R_u$），需要作足量补偿，实质上是复合地基的承载力转为安全储备，以保证总体安全度不小于 2。作如下设定：

（1）复合体补偿量确定：不考虑主体桩的超前承载，仍按承载力特征值 R_k 扣除，计算复合体的需要补偿量；

（2）补偿承载力值确定：按复合体有效补偿面积计算，即复合地基补偿面积计算中，应扣除所有主体桩应力圆面积。

按以上设定，当采用深层水泥搅拌桩作复合体，作承载力"高强复合"进行补偿时，应符合下式要求：

$$A=(G-nR_k)/f_{spk}+nA_\Omega \tag{8-1}$$

式中　A——复合桩基承台总面积（m^2）；

　　　G——上部荷载标准组合值（kN）；

　　　n——主体桩桩数（根）；

　　　R_k——主体桩单桩承载力特征值（kN）；

　　　f_{spk}——桩间土经水泥搅拌桩加固后的承载力特征值，一般初步设计可选用 $120 \sim 150kN/m^2$；

　　　A_Ω——主体桩应力圆面积（m^2），一般可取用 $2.5 \sim 3.0$ 倍桩径作应力圆。

8.4 复合体下卧层承载力验算

承载力补偿的复合体，其复合体深度 Z 应满足下卧层承载力要求（图 8-1）。设原有基础底面 1-1 平面的压力强度 P_1 扩散后至复合体底面的 2-2 平面压力强度。

注：α 宜选用原有桩间土（天然地基）的内摩擦角为安全。当选取复合地基的应力扩散角计算，通常适用于置换面积较大复合地基。

扩散后复合地基土下卧层的承载力强度 P_2 如图 8-2 所示，并应满足下式：

$$P_2 \leqslant P_z+P_{cz} \leqslant f_z$$

式中　f_z——经深度修正后地基土允许承载力特征值；

　　　P_z——软弱下卧层顶面附加应力标准组合值；

　　　P_{cz}——软弱下卧层顶面自重应力标准值。

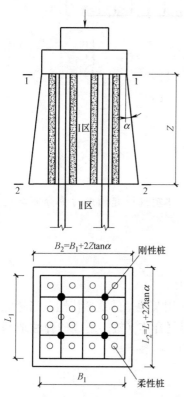

图 8-1　复合体底面下卧层应力计算简图

Z—复合体（桩）加固深度；

L_1、B_1—分别为基础平面长、短边尺寸；

L_2、B_2—分别为应力扩散后长、短边尺寸；

α—应力扩散角。

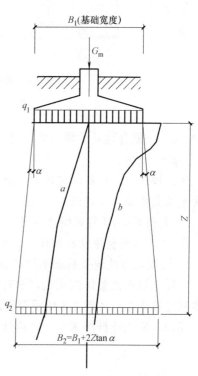

图 8-2　复合地基下卧层承载力验算简图

a—自重应力曲线；b—附加应力曲线

8.5　复合桩基基础内力计算

1. 按平面整体倒梁法计算条式桩承台地梁内力

该方法基本假定，忽略上部结构整体作用按图 8-3 把所有的受力柱（或承重墙）作为刚性支点，视基础梁筏倒置于柱（或墙）上的正交楼面梁筏建模。使用 PKPM 软件计算内力。

其中主体桩的桩力 P，应考虑刚性桩在受荷分配时的超前承载作用，此时作用于计算图式的集中力用 $P_计$ 表示：

$$P_计 = \alpha \times R_k$$

式中　R_k——主体桩承载力特征值；

　　　α——一般取值 1.2～1.5。

复合体（桩）作用于板带的线荷载 q，应考虑复合体（桩）在受荷分配时的滞后作用，此时作用于计算图的线荷载用 $q_计$ 表示：

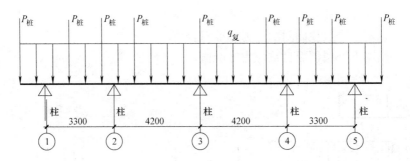

图 8-3　刚性支座上倒置楼面法计算简图

$$q_{计}=\beta \times q$$

式中　q——复合地基承载力特征值；

　　　β——$1/\alpha$。

注：按此方法计算求得内力，应考虑混凝土材料的弹塑性引起的内力重分布与地基反力向支座集中效应，建议：

① 支座弯矩 M 的调幅值取用 $0.7\sim0.8$；

② 考虑结构整体效应设计时作相应的构造处理。

2. 按双元弹性地基基础梁计算条式桩承台地梁内力

实质上述平面整体倒梁法，没有考虑结构的整体作用及地基的变形特性。当考虑上述因素其计算简图可用图 8-4 所示双元地基，即主体桩与复合体（桩）组成的弹性地基上的梁筏建模，应用连杆法求得，具体计算略，详见第 6 章。

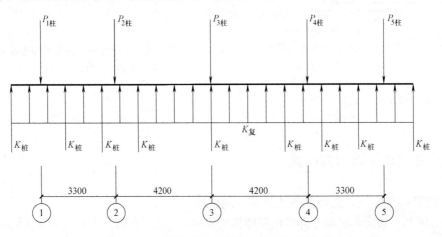

图 8-4　双元弹性支座上基础梁法计算简图

$K_{柱}$——桩体的变形模量，由单桩试桩曲线求得；

$K_{复}$——复合地基的变形模量，由现场静载荷试验曲线求得。

8.6　复合桩基计算用表

为设计运算方便，推荐表 8-1 供设计者参考。

表 8-1

幢号	常规桩基础			复合桩基础		有效复合地基面积		要求复合地基承载力补偿值(kN/m²)	复合地基承载力验算	
	桩型/桩长(m)	单桩承载力特征值(kN)	桩数(根)	主体桩同常规桩基础(根)	复合体桩:水泥搅拌桩(根)/桩长(m)	总着地面积(m²)	有效面积(m²)		面积置换率(%)	复合地基承载力特征值
5	简易钻孔桩 43m	430kN	116	61	168/12	310	310—107=204	430×55/204=116	0.196×168/204=0.16204=0.16	108≅116

注:1. 复合地基承载力

$$f_k = m \cdot N_d/A_p + \beta(1-m)f_s$$

式中,f_{sp}—复合地基承载力特征值(kPa);β—桩间土承载力折减系数;

m—搅拌桩的面积置换率(%);A_p—单桩水泥搅拌桩截面积(m²);

f_s— 桩间土地基承载力特征值(kPa);

2. 有效复合地基面积=基础总着地面积总和—主体桩应力圆面积总和;

3. 表中数值系 9.4 节西堡锦园工程多层建筑复合桩基计算书汇总表。

具体运算按表 10-3 表序进行。

8.7 疏桩基础的施工与检验

8.7.1 疏桩基础主要依靠刚性桩控制沉降,其沉降的变形特性与常规桩基相同,因此,承载力检验的有关要求可按现行国家标准《建筑桩基技术规范》JGJ 94—2008 和桩的施工允许偏位按现行国家标准《建筑地基处理技术规范》JGJ 79—2012 的有关规定执行。

8.7.2 桩间复合体采用柔性桩为水泥搅拌桩、高压旋喷桩、低强度素混凝土灌注桩时,其桩身质量和承载力检验按现行国家标准《建筑地基处理技术规范》JGJ 79—2012 的有关规定执行。

8.7.3 刚-柔性复合桩基施工顺序考虑刚性桩施工时产生的挤压及地基土的隆起等不利因素对柔性桩桩身的损坏。在实际工程施工时,可采用分段、分片实施,既保证工程进度,又保证柔性桩不受损坏,一般应按下列要求:

(1)刚性桩为挤土桩或部分挤土桩时,应先施工刚性桩;

(2)刚性桩为非挤土桩时,施工顺序不限。

8.7.4 当复合体采用柔性桩,施工前应根据设计要求进行工艺性试桩,其目的是:验证柔性桩施工的可行性与提供满足设计要求的各种参数。

8.7.5 柔性桩施工桩顶标高应高于设计桩顶标高 300～500mm,主要是考虑桩顶一段由于浮浆的影响而桩体强度较差,应采用人工凿除。

8.7.6 对于带地下室的工程,基坑开挖宜在柔性桩施工完成 28d 后进行,以利用柔性桩加固地基土,防止开挖时坑底土上浮。

8.7.7 对桩基础设计等级为乙级及场地复杂的工程,选择有代表性场区进行相应的现场试验或试验性施工,并应进行不少于一组刚-柔性复合桩承载力试验以检验设计参数和处理效果。

8.7.8 疏桩复合基桩的承载力检验采用的承压板应有足够刚度，一般采用预制或现浇的钢筋混凝土板，或直接采用按设计要求的现浇混凝土桩承台。其承载力检验的加载方式和竖向极限承载力的确定等可按现行国家标准《建筑桩基技术规范》JGJ 94—2008 的有关规定执行。

8.7.9 施工技术人员应掌握疏桩基础的施工方法、技术要求和质量标准等。施工中应有专人负责质量控制和监测，并做好施工记录。

第9章 疏桩基础工程实录

9.1 常规型疏桩基础工程实例

【工程实例 1】 温州市区人民路改建项目

该工程建于 1989 年，为商住楼群体，平面布置见图 9-1，设有 A、B、C 三个单元；其中 A、C 单元为七、六层，采用疏桩基础。B 单元为七层采用桩基础。桩基选用振动沉管灌注桩（桩径 400mm、桩长 28.5m）。

地质分布情况见表 9-2，地表有人工回填土、黏土构成的地表硬壳层 3m，下为淤泥土，至 24m 为淤泥质黏土，至 28m 为亚黏土，桩长选用 28.5m。

图 9-2（b）为该项目基础平面，其中毗邻的 A、B 二幢为同一类型的七层砖混结构作疏桩基础与桩基础对比。本次特以 A 幢选用低疏桩率 $\eta=30\%$ 作设计，以资进一步探明不同疏桩率的功能效应。

从表 9-3 的竣工沉降对比分析，发现一个有趣的工程问题，A 幢疏桩基础的沉降量 10.2mm 反而比 B 幢桩基础沉降量 23.1mm 小。这就说明地基土对桩而言存有最佳桩容量的概念，不是桩越多沉降越小，从而提出了软土地基土"最佳桩容量"的概念。

有关基础工程经济指标详见表 9-4，A 幢疏桩基础对比 B 幢桩基础节省造价 20%，再从第 3 章的疏桩基础案例对比分析，疏桩率 $\eta=70\%$，基础节省造价 30%，这就说明疏桩率 η 越大，节约造价就越多。

但从控制沉降量而论 A 幢疏桩基础竣工沉降量为 10mm，而第 3 章 B 幢疏桩基础竣工沉降量 80mm，虽然地质资料有差异，但仍可以说明疏桩率 η 越大，相应建筑物沉降量 s 越大。所以疏桩率 η 的选择是疏桩基础设计中一个重要的概念性的工程问题，是根据建筑物对控制沉降的需求与节约工程造价大小而定。

把上述这一特性归在表 9-1，表明了疏桩率与沉降量及节约率之间的函数关系，以及由疏桩基础对比常规桩基础沉降量的分析，论证了软土地基存有最佳桩容量的概念。

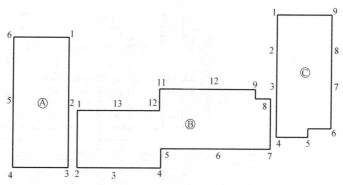

图 9-1 平面布置略图（附沉降观测点）

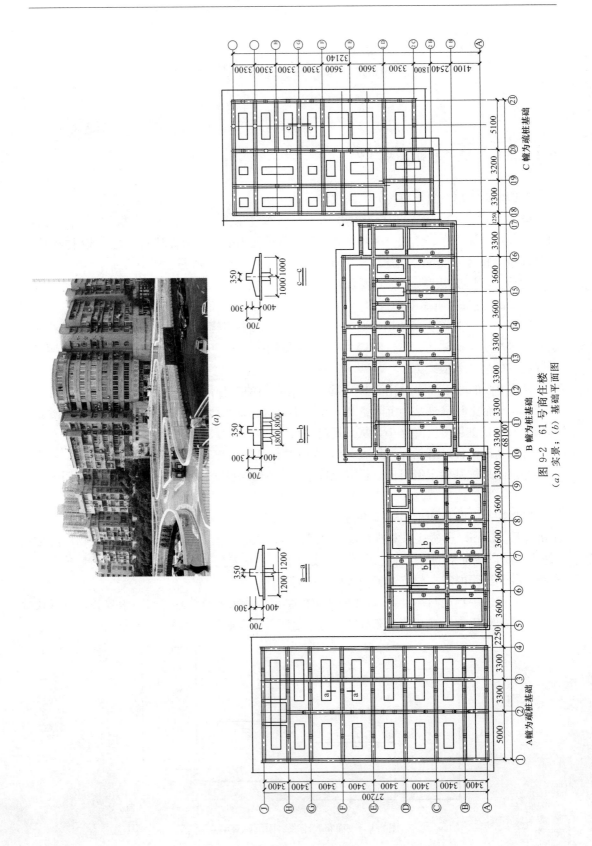

图 9-2 61 号商住楼
(a) 实景; (b) 基础平面图

表 9-1

名称	疏桩率 η(%)	沉降量 s(mm)	节约量(%)	说　明
桩基础	0.0	23	0.0	工程案例1
疏桩基础	30	10	20	工程案例1
疏桩基础	43	40	22	工程案例2
疏桩基础	70	80	30	第3章案例

表 9-2

层序	土名	层厚(m)	含水量 w(%)	天然重度($\times 10$ kN/m³)	孔隙比	液限	塑限	固快	固快	建议值 f	建议值 E	建议值 R
1	人工填土	0.0~1.8			105	43.5	22.4					
2	黏土	1.0~3.0	39.4	1.83	1.11	43.5	22.4	9.2	0.15		32	85
3-1	淤质黏土	3.0~6.0								1.4	20	55
3-2	淤泥	6.0~20.0	62.0	1.61	1.75	51.9	27.1	8.7	0.07	1.3	13	5
3-3	淤泥	20.0~24.0	52.3	1.88	1.51	58.8	26.6	7.5	0.15	2.0	35	6
3-4	淤质黏土	24.0~								3.0	41	7
A-A	剖面埋深	27.0~32.5	1(27.0)		2(22.5)		3(26.4)		4(32.5)	5(29.6)		
A-1	亚黏土		26.6	1.98	0.73	25.7	14.1	7.0	0.18	4.5	80	14

表 9-3

观测点	1	2	3	4	5	6	7	8	9	10	11	12	13	平均沉降量(mm)
A 单元	3	27	18	2	4	6								
B 单元	21	15	18	25	36	28	20	20	30	38	18	18	14	10.2
C 单元	25	47	49	33	37	49	39	22						23.1
														38.4

表 9-4

项目	A 幢	B 幢	C 幢
层数	7 层	7 层	6 层
建筑面积(m²)	2275	3379	1775
桩总数(根)	74	183	84
桩密度(根/m²)	0.228	0.333	0.126
疏桩率(%)	~30	—	~38
承台板带宽(m)	2.4	1.6	2.8
竣工平均沉降量(cm)	1.0	2.3	3.8
基础总造价(万元)	4.68	8.59	4.18
单位面积造价(元)	20.5	25.5	23.4
单位面积基础造价比	80	100	
桩型	桩径 400、L=28.5m 振动沉管灌注桩		

有关技术经济指标见表 9-6，从表对比沉降资料可见：当选用的疏桩率在 45% 左右时，疏桩基础沉降量可达到与常用规桩基础沉降量水平。这一工程实例证明控制疏桩率，可达控制建筑物沉降量，根据当前的工程案例实测沉降资料表明，疏桩率 η 宜控制在小于 45% 为安全，具有沉降小，并有相当的经济效益。

【工程实例 2】 柳市等商品房工程

继上述对比工程之后，于 1991 年在乐清县作组团性的推广应用。图 9-3（a）为五层砖混结构桩基础图。图 9-3（b）为五层砖混结构疏桩基础图。地质资料见表 9-5。工程技术经济指标见表 9-6。

地质资料 表 9-5

土名	埋深(m)	R(kPa)	E(MPa)	F(kPa)
淤泥质黏土	1.5～1.7	60	1.87	26.0
淤泥	17.5～18.6	44	1.4～2	13.5
淤泥	23.2～26.2		1.82	19.6
黏土			3.28	22.8

技术经济指标 表 9-6

名称	桩基础图 9-3(a)	疏桩基础图 9-3(b)
建筑面积(cm²)	2401	1997
承台宽(mm)	800	2000
桩总数(根)	150	97
每平面根数	0.063/m²	0.048/m²
桩径\桩长	377\$L=26$m	377\$L=18$m
疏桩率(%)	0	43
竣工沉降量(cm)	2.73(3.55)	2.98(4.0)
基础节约率(%)	22	

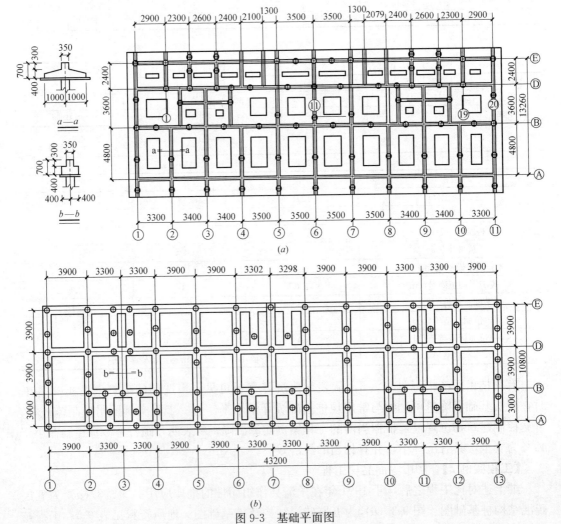

图 9-3 基础平面图

(a) A 幢桩基础平面图；(b) B 幢桩基础平面图

【工程实例 3】 状元海军住宅楼工程

图 9-4 所示为六层砖混住宅，建于深厚淤泥、黏土软土地基上。主体桩为桩径 ϕ377，$L=25$m 的沉管灌注桩，桩距（5～8）d，疏桩率 $\eta=45\%$，复合体利用桩承台板带作承载力补偿设计，板带长宽 1200mm，竣工沉降量约 5cm。

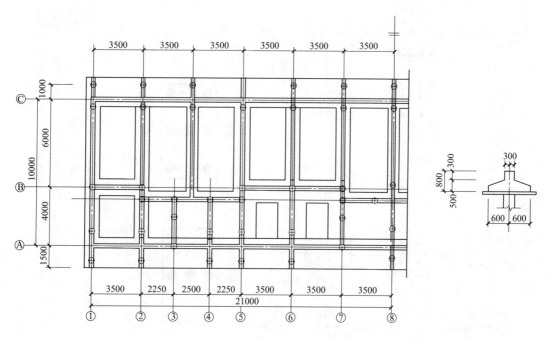

图 9-4 状元海军住宅楼疏桩基础平面图

9.2 广义疏桩基础工程实例

【工程实例 4】 温州意万达鞋业有限公司主厂房

该工程建于 2002，共三幢含计二万多平方米（图 9-5），六层框架结构，基础详见图 9-6，原设计单位按常规桩基础设计，采用桩径 450mm，桩长 45m 的沉管灌注桩。由于桩数过多、桩距过密，严重挤土效应使地面隆起。导致大面积桩身上浮、断桩，承载力严重不足。应业主要求，我们对其基础作加固处理，工程于 2003 年竣工，竣工后二年沉降仅有 3cm。

从工程加固机理分析：实质上是利用原有部分沉管灌注桩用作控制建筑物沉降，在其中插入水泥搅拌桩（ϕ500，$L=15$m）作地基处理，用复合地基的承载力作补偿加固设计，这就形成了早年的"刚-柔性复合桩基"设计思路与初始方案。

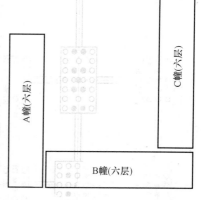

图 9-5 意万达鞋厂主厂房平面布置图

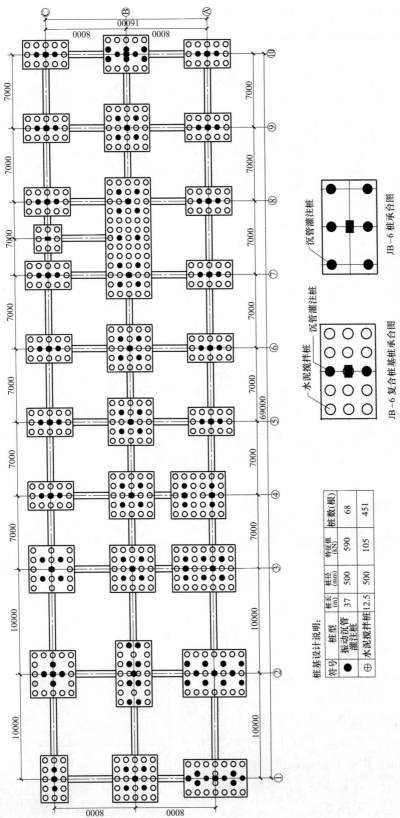

桩基设计说明：

符号	桩型	桩长 (m)	桩径 (mm)	特征值 (kN)	桩数 (根)
●	振动沉管灌注桩	37	500	590	68
⊕	水泥搅拌桩	12.5	500	105	451

JB-6复合桩基鞋厂主厂房复合桩基

JB-6桩承台图

图9-6　温州意万达鞋厂主厂房复合桩基

基础设计说明：

1. ⊕代表振动沉管灌注桩，桩径450mm，桩长45m，单桩承载力特征值590kN，为摩擦桩，以桩长进行双控。桩顶进入承台为50mm。混凝土强度等级为C20。坍落度60～80，充盈系数>1.18，钢筋笼长15m，5φ12，φ6@300，每2m设加强箍1φ12。伸入承台500mm。施工时应严格控制拔管速度与贯入度按有关规定执行。由于该项加固固定原设计与施工单位没有作相应的，有效措施，防止沉桩时引起桩身上浮，缩颈而引起大面积断桩及对近邻建筑物、地下管道的损害等诸事效应。桩顶伸入承台15m，桩长500mm，桩径500，单桩承载力特征值105kN。水泥搅拌桩按设计图示承台桩合作补强。水泥掺入量15%。水灰比0.45。外掺剂石膏为水泥重量2%，木钙为水泥重量0.2%。施工前先做室内强度配合比，加固土强度>500kPa。

【工程实例 5】　迪王鞋业主厂房工程

该工程建于 2006 年，约一万平方米，六层框架结构。原基础按常规桩基设计，施工单位以"95 定额"下浮动 25% 承接工程，后经测算亏损、无奈开工。经业主同意对其基础作优化设计，其节约的造价作施工单位补偿。

桩数由 310 根降为 158 根，疏桩率为 49%，该工程原桩基础图见图 9-7（a）与复合桩基基础图 9-7（b）。有关经济效益见表 9-7（为施工单位提供预算）。竣工平均沉降量为 2.5cm。

表 9-7

名称	图例	钢材(t)	混凝土(m³)	水泥(t)	造价(万元)
原设计(桩基础)	图 9-7(a)	124	3300	990	210
修改设计(疏桩基础)	图 9-7(b)	67	1860	910	146
下降(%)		45%	44%	8%	30%

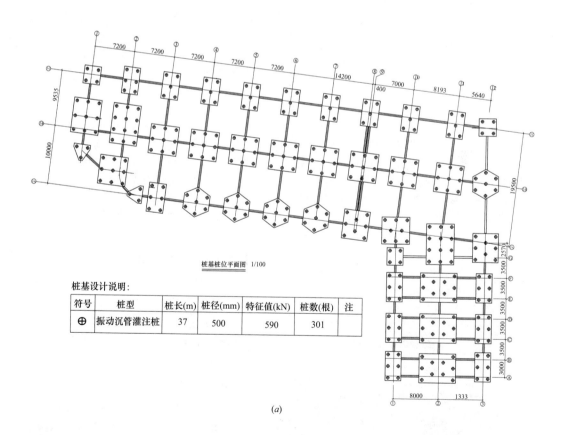

桩基桩位平面图 1/100

桩基设计说明：

符号	桩型	桩长(m)	桩径(mm)	特征值(kN)	桩数(根)	注
⊕	振动沉管灌注桩	37	500	590	301	

(a)

图 9-7　迪王鞋业主厂房工程基础

（a）原桩基础结构图

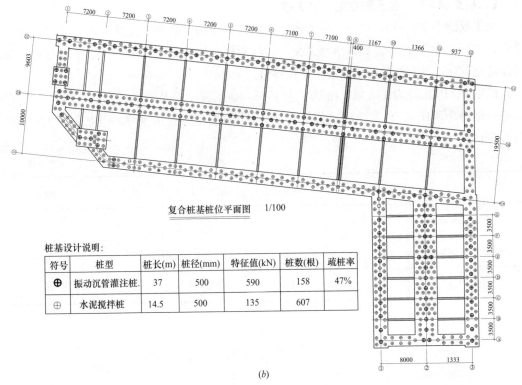

复合桩基桩位平面图 1/100

桩基设计说明:

符号	桩型	桩长(m)	桩径(mm)	特征值(kN)	桩数(根)	疏桩率
⊕	振动沉管灌注桩	37	500	590	158	47%
⊕	水泥搅拌桩	14.5	500	135	607	

(b)

图 9-7 迪王鞋业主厂房工程基础(续)

(b) 修改后疏桩基础结构图

基础设计说明:

1. ⊕代表振动沉管灌桩,桩径500mm、桩长37m、单桩承载力特征值590kN、为端承摩擦桩,以桩长与贯入度进行双控。桩顶进入承台为50。混凝土强度等级为C20、坍落度60~80、充盈系数>1.18,钢筋笼长24m、5φ12、φ6@300、每2m设加强箍1φ12,伸入承台不小于500mm。施工时应严格控制拔管速度与贯入度按有关规定执行。同时必须采取有效措施防止沉桩时引起桩身上浮、断桩、缩颈及对近邻建筑物、地下管道的损害等挤土效应。

2. ⊕代表水泥搅拌桩,桩径500mm、桩长12.5m、桩顶伸入承台50mm、单桩承载力征值105kN、水泥掺入量15%、水灰比0.45。外掺剂石膏为水泥重量2%、木钙为水泥重量0.2%。施工前先做室内强度配合比,如固土强度>500kPa。

图 9-8 迪王鞋业主厂房工程实景

【工程实例6】 明视眼镜厂主厂房

该工程建于2003年为六层框结构,原基础设计采用振动沉管灌注桩,桩径500桩长37m。由于按常规桩基础设计,桩数较多挤土效应大。因邻近为开发区已建污水处理工程,不让施工。后应业主要求改用复合桩基作设计。桩数由原141根降为53根,疏桩率为60%,从而有效减少挤土桩的挤土危害。原桩基础与修改后复合桩基见图9-9(a)和(b)。有关经济指标见表9-8。

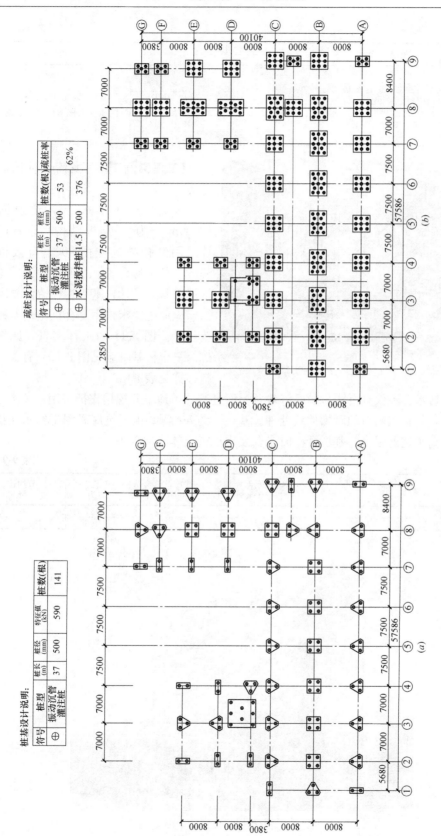

图 9-9 明视眼镜厂主车间基础

(a) 原桩基础平面图；(b) 修改后疏桩基础平面图

桩基设计说明：

符号	桩型	桩长 (m)	桩径 (mm)	特征值 (kN)	桩数 (根)
⊕	振动沉管灌注桩	37	500	590	141

疏桩设计说明：

符号	桩型	桩长 (m)	桩径 (mm)	桩数 (根)	疏桩率
⊕	振动沉管灌注桩	37	500	53	62%
⊕	水泥搅拌桩	14.5	500	376	

表 9-8

| 桩基方案 | 复合桩基 | | 节约比(%) |
	刚性桩	柔性桩	
刚性桩数量	振动沉管灌注桩桩径 500mm、桩长 37m	振动沉管灌注桩桩径 500mm、桩长 37m	水泥搅拌桩、桩径 500mm、桩长 17.5m	(83.0-50.0)/83.0=39% 注:未计入桩承台部分增减
根数	141((850kN))	53(850kN)	376(145kN)	
单价(元/根)	5900	5900	500	
总造价	83.0	31.0	19.0	
(万元)	83.0	50.0		

图 9-10 明视眼镜厂主车间实景

【工程实例 7】 龙湾元件园区综合楼

该工程建于 2005 年,建筑面积 12000m²,为 11 层框结构。原基础设计采用钻孔灌桩桩径 600、有效桩长 55m,附有地下室。由于原设计单位按常规桩基础设计,基础工程造价颇高。

应业主要求采用复合桩基作基础修改设计。图 9-11 为工程实景,原桩基础与复合桩基基础见图 9-12。有关经济指标详见表 9-9。

采用该技术,不仅具有明显的经济效益,而且节约了地下开挖用支护费用,免去了地下支护结构,只采用简单的阶梯放坡处理。基坑(约 5m 深)由于坑底淤泥土经水泥搅拌桩加固,提高了抗剪强度,基坑开挖时未曾发现坑内土体隆起现象。

表 9-9

	刚性桩数量 桩径 500、桩长 46m (特征值 R_a)	柔性水泥搅拌桩、桩径 500、桩长 12m	单桩综合造价 (元/根)	总造价 (万元)	节约比 (%)
桩基方案	340 根(710kN)		5500 元/根	187 万	(187-126) /187=32%
刚-柔性复合桩基	170 根(710kN)	96 根(120kN)	345 元/根	126 万	

图 9-11 龙湾元件园区综合楼工程实景

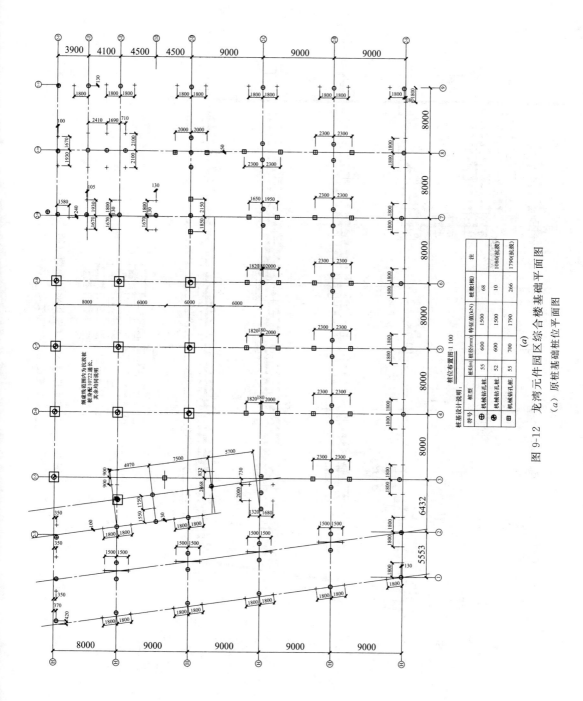

符号	桩型	桩长(m)	桩径(mm)	特征值(kN)	桩数(根)	注
⊕	机械钻孔桩	55	600	1500	68	
⊙	机械钻孔桩	52	600	1500	10	1080t(泥数)
⊞	机械钻孔桩	55	700	1790	266	1790t(泥数)

桩基设计说明：
细虚线范围图内为抗拔桩，
桩身配10ф22通长，
其余均说明。

桩位布置图1 100

图 9-12　龙湾元件园区综合楼基础平面图

(a) 原桩基础桩位平面图

(a)

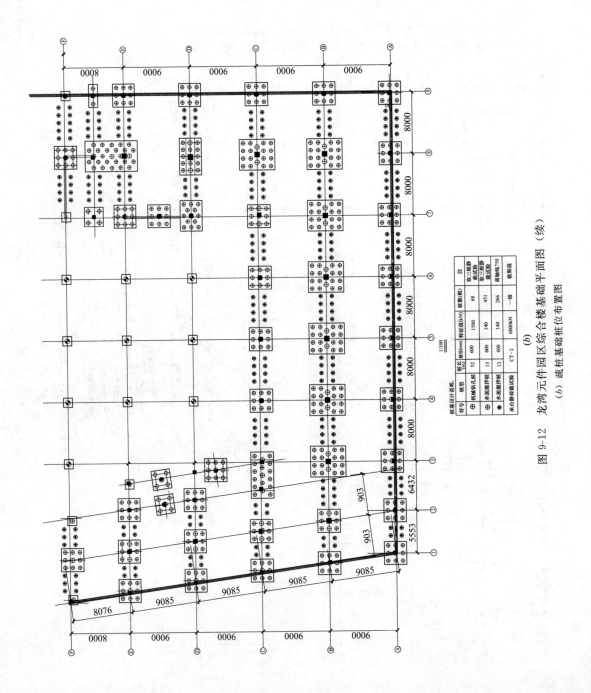

桩基设计说明：

符号	桩型	桩长(m)	桩径(mm)	特征值(kN)	桩数(根)	注
⊕	机械钻孔桩	52	600	1500	68	取三相静载试验
⊕	水泥搅拌桩	13	600	140	451	取三相静载试验
●	水泥搅拌桩	13	600	140	266	高轴均750
■	承台荷载试验		CT-2	6000kN	一组	极限值

(b)

图 9-12　龙湾元件园区综合楼基础平面图（续）

(b) 疏桩基础桩位布置图

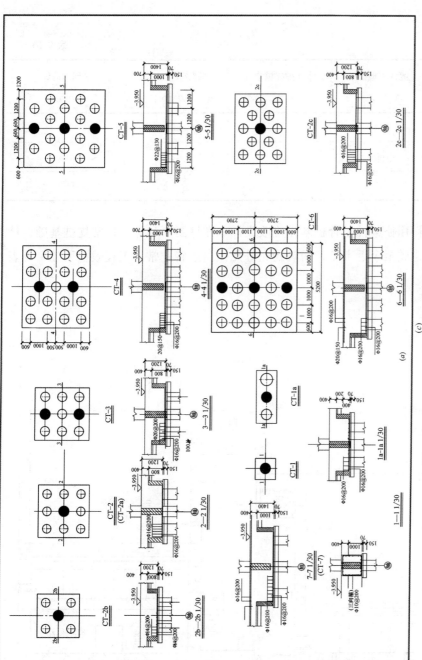

图 9-12 龙湾元件园区综合楼基础平面图（续）

(c) 桩基本台大样图

基础设计说明：
1. ● 表示钻孔机械灌注桩，桩径 600，桩长 56m，持力层为 7 层黏土层，单桩承力 1500kN，单柱承入伸台 1500kN，桩顶入伸台 500。
2. ⊙ 表示水泥搅拌桩，桩径 500，有效桩长 18m（不包括松散层 0.5m），施工操作严格按 JGJ 79 技术规程进行，并按表格作好记录。桩基施工工序 先施工钻孔灌注桩 再施工水泥搅拌桩或水泥搅拌桩 静荷试验分区流水作业 分区施工。木桥为水泥水比 0.2%，施工水泥重量 0.2%。复合地基承力按 150～180kN/m² 桩项加至自然地坪。
3. 复合地基承载力按 150～180kN/m² 试桩复合桩基作静荷载试验。取一组复合桩基作静荷试验。

【工程实例8】　宏泽环保污水处理工程

该工程建于 2006 年为半埋置式的高位水池（地上、地下双层水池），长 60m、宽 42m，剖面见图 9-13。原按常规桩基设计，由于地处深厚淤泥、淤泥质黏土软弱地基，桩数过多、造价颇高。

表 9-10

材料	灌注桩造价（万元）	水泥搅拌桩造价（万元）	基础混凝土造价（万元）	基础总造价（万元）
常规桩基	180	0	55	235
复合桩基	96	27	42	165
节省造价	30%			

应业主要求，采用刚-柔性复合桩基作修改设计，详见图 9-14。对比常规桩基础设计可节约造价 30%。建成至今近十年，构筑物完好无损，运转正常，工程效益明显，见表 9-10。

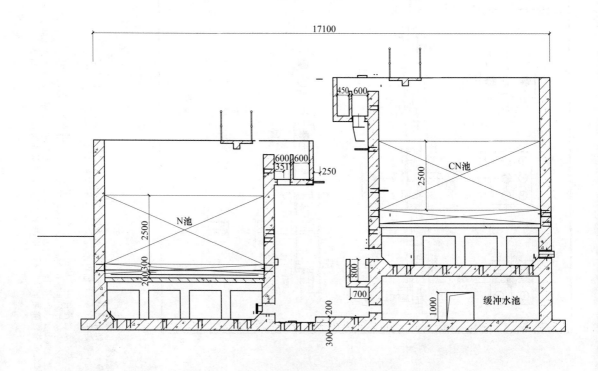

图 9-13　宏泽环保污水处理池剖面图

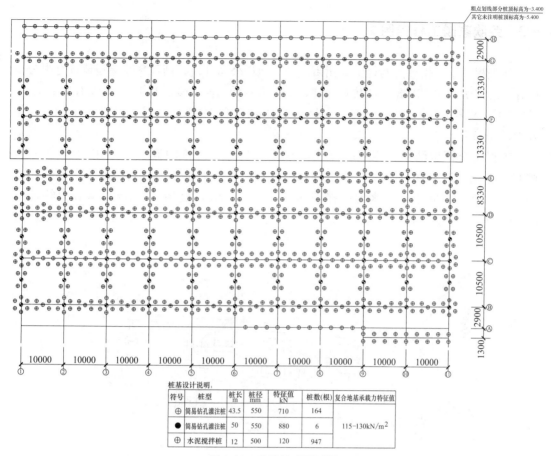

粗点划线部分桩顶标高为-3.400
其它未注明桩顶标高为-5.400

桩基设计说明:

符号	桩型	桩长 m	桩径 mm	特征值 kN	桩数(根)	复合地基承载力特征值
⊕	简易钻孔灌注桩	43.5	550	710	164	
●	简易钻孔灌注桩	50	550	880	6	115～130kN/m^2
⊕	水泥搅拌桩	12	500	120	947	

图 9-14 疏桩基础平面图

设计说明:

1. 本工程采用刚-柔性复合桩基, 刚性桩为简易钻孔灌注桩、桩径 $\phi=500$、桩长 $L=46$mm,

2. 刚性桩单桩承载力 710kN, 桩顶伸入承台 50, 桩总数 170 根。混凝土等级为 C20、坍落度 180～220, 充盈系数＞1.2, 钢筋笼长 26m, 6ϕ12、6ϕ@250、每 2m 设加强箍 1ϕ12, 伸入承台 500、单桩承载力特征值 120kN。

3. 水泥搅拌桩、桩径 500、有效桩长 12m (不包括松散层 0.5m)、桩总数 960 根。水泥拌入量 18%、水灰比 0.45。外掺剂石膏为水泥重量 2%, 木钙为水泥重量 0.2%、施工操作严格按 JGJ 79 技术规程进行, 并按表作好记录。

4. 复合桩基施工工序, 先施工钻孔灌注桩后施工水泥搅拌桩或分区流水作业。

(a)　　　　　　　　　　　　　　　　　　　　(b)

图 9-15 工程实景

9.3 荣欣家园工程实例

该工程位于温州市前网村由温州市金洲房地产公司开发，浙江华东建设设计有限公司设计，总建筑面积22868m²，共有9幢，工程为六跃七商住楼。其中1~4设有地下室，5号、7号、9号为连体商场。6号与8号楼为独立建筑。总平面布置图（图9-16）2003年开工，2005年竣工。

工程为全框架结构，原基础设计按常规桩基础，造价颇高。后改用刚-柔性复合桩基作优化修改设计，主体桩采用简易机械钻孔桩，桩长35m，桩径500，承载力特征值510kN，桩间土采用水泥搅拌桩加固，桩长10m，桩径500mm，承载力特征值90kN。其中5号、6号、7号、8号楼复合桩基明细见表9-11，工程计算汇总表见表9-15。

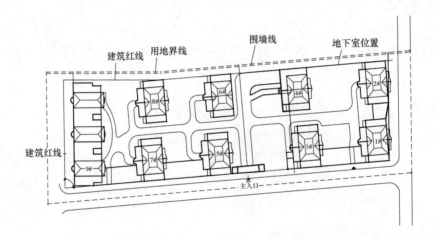

图 9-16 温州荣欣家园总平面布置图

表 9-11

楼号\桩型	机械钻孔桩（主体桩）桩长35m，桩径500	水泥搅拌桩（复合体）桩长10m，桩径500	水泥搅拌桩比简易机械钻孔桩比例
	510kN	90kN	
5 号	47 根	183 根	183/47＝3.9
6 号	48 根	182 根	182/48＝3.8
7 号	56 根	217 根	217/56＝3.9
8 号	47 根	178 根	178/47＝3.8
各幢疏桩率	50%		

【工程实例9】 荣欣家园6号、7号、8号楼

图9-17系该工程原设计的桩基础及修改后疏桩基础，沉降量见（表9-12），竣工沉降仅为13mm。竣工后一年半，所增加的沉降仅为3.0mm左右（表9-13），可认为已经终止。5号、6号、7号、8号楼的终止沉降差均在2.0cm以内。说明复合桩基控制沉降能力可达到桩基同步效果，而且工程经济效益的明显（见表9-14，6号楼节约率27%）。

表9-12

楼号	平均值	沉降观测点						
		1	2	3	4	5	6	7
5号	13	14	12	13	11	15		
6号	13.2	15	12	13	11	15		
7号	14.6	15	15	15	13	15		
8号	13.8	14	13	14	13	15		
9号	11.8	11	11	12	12	14	11	12

表9-13

楼号	日期	观测点					平均值	沉降差
		1	2	3	4	5		
5号	2005.9	14	12	13	11	13	12.6	2.6
	2006.12	15	14	16	15	16	15.2	
6号	2006.9	15	14	16	15	16	14.2	3.2
	2006.12	20	15	16	19	17	17.4	
7号	2005.7	16	14	13	13	15	14.8	3.2
	2006.12	17	18	16	17	17	17.0	
8号	2005.7	14	13	13	15	15	14.0	2.8
	2006.12	17	17	16	16	18	16.8	

表9-14

	钢材(t)	混凝土(m³)	水泥(t)	造价(万元)
原桩基设计	126	720	315	60
复合桩基设计	13	440	275	44
下降(%)	50%	39%	13%	27%

注：本表系6号幢桩基础作计算对比。

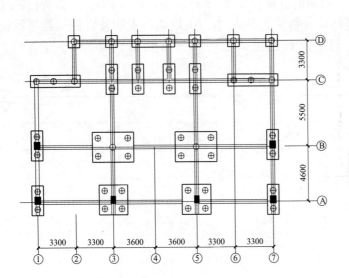

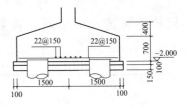

桩基设计说明:

符号	桩型	桩长(m)	桩径(mm)	特征值(kN)	桩数(根)	注
⊕	机械钻孔灌注桩	46	600	1100	46	第7粘土层

(a) 桩基础平面图

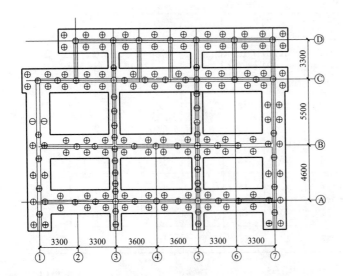

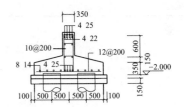

疏桩设计说明:

符号	桩型	桩长(m)	桩径(mm)	特征值(kN)	桩数(根)	疏桩率
●	简易机械钻孔灌注桩	35	500	550	45	62%
⊕	水泥搅拌桩	13.0	500	105	129	

(b) 疏桩基础平面图

图 9-17 6号、7号、8号幢基础图

"荣欣家园"工程计算书汇总表

表9-15

幢号	复合桩基						要求复合地基承载力补偿值 kN	有效复合地基面积				复合地基承载力验算	
	主体桩桩型（桩径φ500）	桩长/特征值 (m/kN)	桩数（根）	主体桩承担总荷载 (kN)	复合（水泥搅拌桩）根/单桩承载力特征值(kN)	基础设计总荷载(kN)		总着地面积 (m²)	桩基应力圆面积总和 $n\pi \cdot (2D)^2/4$ (m²)	有效面积 m²	面积置换率 (%)	复合地基补偿承载力计(kN/m²)	复合地基承载力特征值 m²
6号	简易钻孔桩	35/510	48	$510\times48=24480$	$180/90$	38150	$38150-22480=15670$	295	$0.785\times48=38$	$295-38=257$	$0.196\times180/257=0.14$	$15670/257=60$	<82
8号	简易钻孔桩	35/510	47	$510\times47=23790$	$179/90$	41120	$41120-23790=17150$	260	$0.785\times47=37$	$260-37=223$	$0.196\times179/223=0.16$	$17150/223=77$	<102
9号	简易钻孔桩	35/510	98	$510\times98=49980$	$478/115$	98616	$98616-49980=48640$	568	$0.785\times98=77$	$568-77=491$	$0.196179/491=0.19$	$48640/491=99$	<130
7号、5号	简易钻孔桩	35/510	48	$510\times48=24480$	$180/90$	41120	$41120-24480=16640$	260	$0.785\times48=38$	$260-38=222$	$0.196180/222=0.16$	$16640/222=75$	<102

说明：1. 比数=水泥搅拌桩桩数/减少主体桩桩数

2. 复合地基承载力 $f_{复}=m \cdot N_d/A_p+\beta(1-m)f_k$

N_d—单竖向承载力设计值；

m—置换率=水泥搅拌桩面积总和/有效复合地基面积；

$N_d=1.2(q_sU_pL+LA_sf_k)=1.2(45\times\pi\times0.5\times10(B)+0.5\times0.196\times50)=90kN$（115kN）（设计桩长10m，包括内为设计桩长13m）；

F_k—桩同土地基承载力50kN/m²；

A_p—水泥搅拌桩面积0.196m²。

3. 有效复合地基面积=总着地面积-应力圆圆面积总和

面积=$\pi(2D)^2/4$ m²（D=水泥搅拌桩桩径）

图 9-18　工程实景

9.4　西堡锦园工程案例

　　该工程位于温州市瓯海区西堡，由温州市繁华房地产公司开发，温州市民用建筑规划设计院设计。小区总建筑面积 76676m²，计有 18 幢商住楼。(图 9-18)，其中 1 号、8 号、18 号三幢为 12 层小高层，其余 15 幢为 5~7 层多层住宅楼，其中 1 号~2 号—12 号及之间的空地、5 号、7 号、11 号~13 号楼及之间空地为一层地下车库。

　　该工程坐落在沿海深厚软弱地基，根据地质报告揭示，详见表 9-16。基底下地基土上部 35m 范围均为淤泥土、淤泥质黏土层 7~8m、粉砂层 0~4m、粉质黏土 8~12m 直至 60 余米为砂砾土层。

　　原基础按常规桩基础设计，基础采用简易机械钻孔灌注桩，桩径 φ500、桩长 44m，桩基是以摩擦力为主，单桩承载力特征值 410kN，工程基础造价自然偏高：应业主要求，采用刚-柔性复合桩基作优化修改。2004 年开工至 2006 年竣工。

　　其中：

　　(1) 不带地下室的 9、10、14、15、16、17 幢多层住宅改为复合桩基。

　　(2) 带地下室（Ⅱ区地下室）的 7、11、12、13 幢多层住宅改为复合桩基。

　　(3) 带地下室（Ⅰ区地下室）1 幢小高层及 2、5 幢多层住宅改为复合桩基。

　　(4) 其中 3、4、6 三幢多层因工期原因，仍为常规桩基础施工。

　　(5) 8、18 二幢小高层考虑不带地下室，从减少风险与安全等因素仍按常规桩基设计。

　　注：该小区的"刚-柔性复合桩基"基础工程的现场沉降实测与静载荷试验详见文献 [13]。

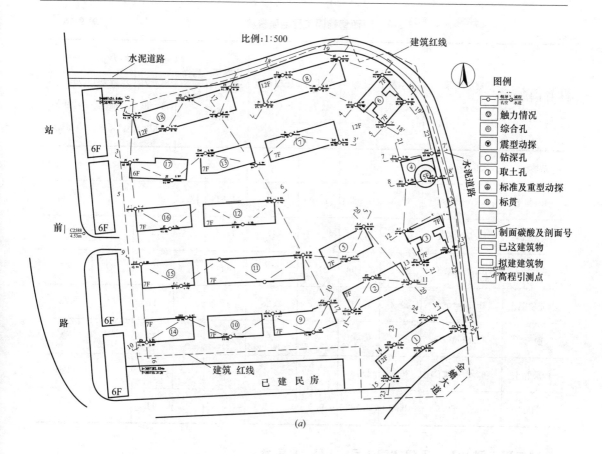

(a)

(b)

图 9-19　西堡锦园小区

(a) 总平面布置图；(b) 小区全景

西堡锦园工程地质资料 表 9-16

土名	层底埋深 (m)	含水量 $w(\%)$	孔隙比 e	塑性指数 I_p	压缩模量 E_s(MPa)	内摩擦力 c (kPa)	内摩擦角 φ	桩周土承载力特征值 q_k(kPa)	桩尖土承载力特征值 R_k(kPa)	地基土承载力特征值 (kPa)
杂填土	2.90~0.40									
粉质黏土	2.70~0.80	39.3	1.085	14.4	3.27	1.91	13.2		84	100
淤泥(1)	18.5~16.1	74.7	2.153	224.1	27	11.3	5.6	4	5	50
淤泥(2)	37.0~34.3	66.1	1.899	21.5	271	11		7		55
淤泥质黏土	49.5~40.0	49.4	1.432	17.8	2.28	12		11		75
粉砂	48.6~46.5	25.6	0.861		2	27		20		120
粉质黏土	63.8~59.5	36.5	1.167	14.3		1		23		120
圆砾	63.7~60.9	29.2	0.762	9.5		27		41		240

【工程实例 10】 西堡家园 3 号、4 号、6 号楼

图 9-20（b）为常规桩基设计的基础施工图，采用振动沉管灌注桩，桩径 426mm 、桩长 36m、桩总数 168 根，单桩承载力特征值 370kN。图 9-20（a）为按刚-柔性复合桩基作修改设计的基础施工图，有关技术经济对比见表 9-17。

从表 9-17 的技术经济比较可见，疏桩基础具有明显的经济效益，可节省基础造价 24%，该节约率已被房地产开发公司所接受。但由于当时安置工程紧迫，考虑该工程原基础已按图 9-20（a）进场放样，急于开工，该三幢基础仍按常规桩基施工。

表 9-17

项目	单位造价：元/根（元/方）	常规桩基（万元）	复合桩基（万元）	节约造价
沉管灌注桩(426mm、365m)	5.2×630=3276	166×3276=54	85×3276=27.8	
水泥搅拌桩(500、12m)	3.35×145=341		243×341=8.29	
桩基承台(常规桩基)	604(元/方)	259×604=15.7	229×747=17.1	24%
桩基承台(复合桩基)	747(元/方)			
合计造价		70.1 万	53.2 万	

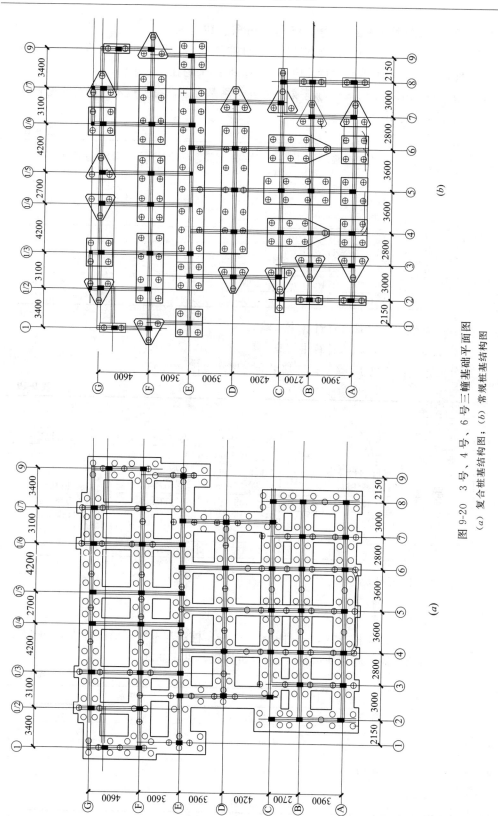

图 9-20 3 号、4 号、6 号三幢基础平面图
(a) 复合桩基结构图; (b) 常规桩基结构图

【工程实例 11】西堡家园 14 号、15 号、16 号、17 号楼

图 9-21（b）～图 9-24（b）为常规设计的桩基础图，采用振动沉管灌注桩，桩径 426mm、桩长 36m、单桩承载力特征值 370kN，基础采用独立桩承台。

图 9-21（a）～图 9-24（a）为刚-柔性复合桩基基础图，有关技术经济对比见表 9-18。

1. 概要汇总表（部分）

表 9-18

幢号		原设计（根）	复合桩基（根）		疏桩率 η	复合地基特征值	竣工平均沉降量	现场验收项目		
		钻孔灌注桩 $\phi500$、$L44m$	钻孔灌注桩 $\phi500$、$L44m$	水泥搅拌桩 $\phi500$、$L13.5m$	%	（kN/m²）	mm	复合承台	钻孔灌注桩（根）	水泥搅拌桩（根）
多层	14 号	114	62	174	46%	136	10	√	27	14
	15 号	116	61	176	47%	116	8	√	37	48
	16 号	105	58	163	45%	148	9	／	46	55
	17 号	109	59	174	46%	116	10	√	2	7
小高层	1 号	详见 1 号地下室					13	试验已做报告未出		

2. 承载力补偿复合桩基设计计算书（略）。

3. 复合桩基承台板带结构计算书（略）。

（1）布桩方式：详见 15 幢复合桩基平面布置图（图 9-22）

表 9-19

轴号	常规桩基（原设计）	复合桩基					
	主体桩（根）	主体桩		复合桩			
		主体桩（根）	疏桩率 η(%)	水泥搅拌桩（根）	与主体桩数比	复合地基
	桩径 500 桩长 44m 钻孔灌注桩	桩径 500 桩长 44m 钻孔灌注桩		桩径 500 桩长 13.5m 水泥搅拌桩	水泥搅拌桩与钻孔灌注桩桩数比（%）	应补偿的承载力特征值 116kN/m²
C	31	17	45	55	3.2	
B	49	24	51	58	2.4	
A	36	20	44	58	2.9	
总	116	61	47	176	2.9	

从表 9-19 分析可见：

疏桩率比：$\dfrac{\eta（B 轴）}{\eta（A 轴）}=\dfrac{51}{41}=1.15$

本工程疏桩主体桩布桩方式，采用中疏、外密布桩法与本次现场试验结果相吻合。

（2）经济分析：本工程以 15 幢作经济分析比较，见表 9-20。

表 9-20

桩型	常规桩基	复合桩基	
	钻孔灌注桩 $D=500$、$L=44m$	钻孔灌注桩 $D=500$、$L=44m$	水泥搅拌桩
根数（方）	116 根	61 根	176 根
总方量	1000 方	525 方	449 方
市场单方价	600 元/m³	600 元/m³	140 元/m³
合计综合价	60 万元	37.8 万元(31.5+6.3)	
节约率(%)		(60−37.8)/60=37.0(%)	

注：常规桩承台混凝土方量 207 方、复合桩基板带 200 方，工程量相近不予计入。

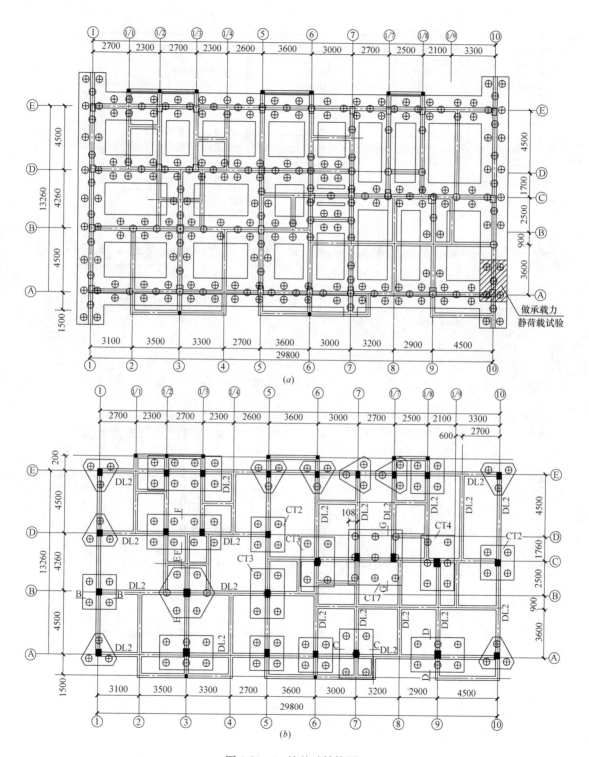

图 9-21 14 幢基础结构图

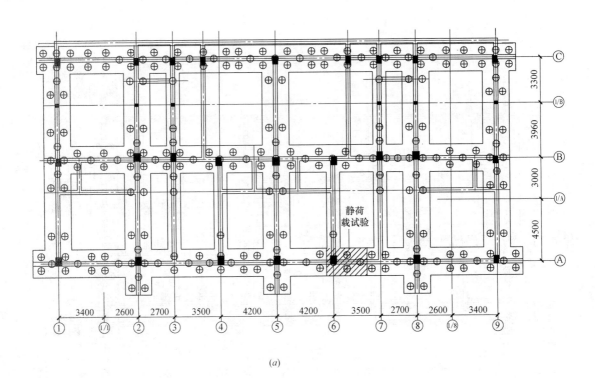

(a)

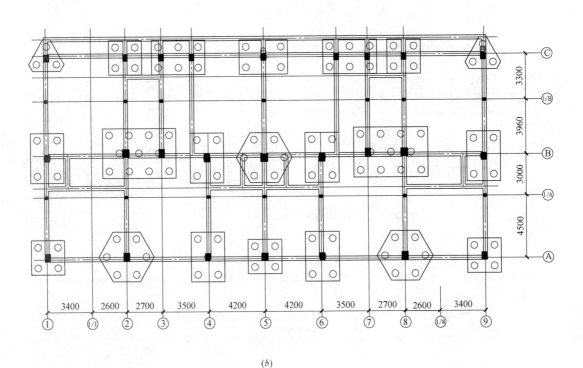

(b)

图 9-22 15 幢基础结构图

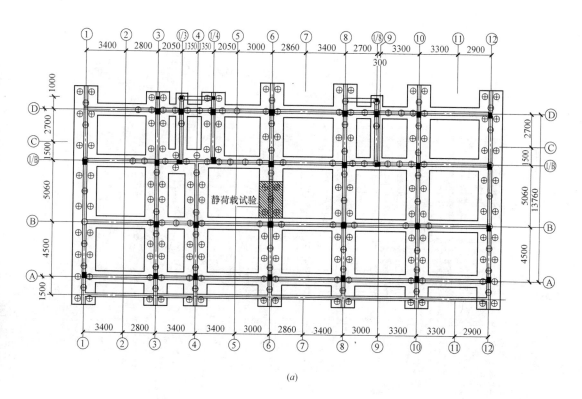

(a)

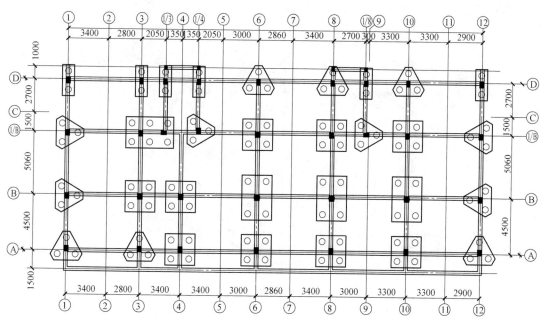

(b)

图 9-23 16幢基础结构图

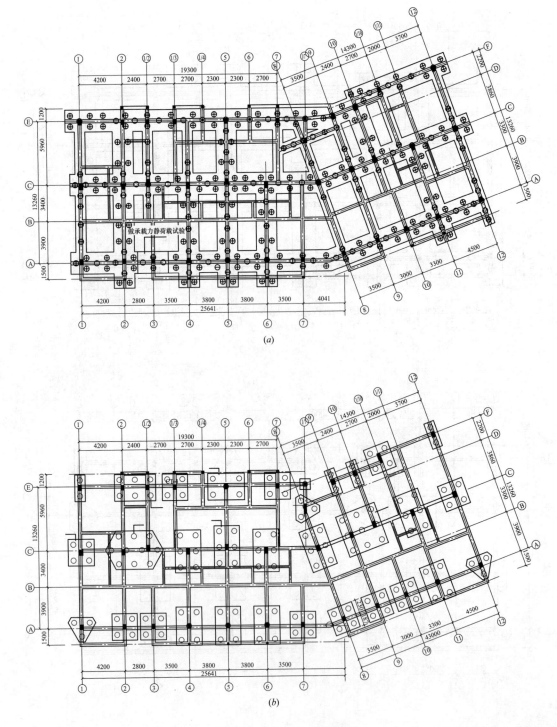

图 19-24 17 幢基础结构图

【工程实例 12】　卸荷型复合桩基（西堡锦园 1 号楼小高层）：

该工程地上 13 层、地下 1 层，基础为刚柔性复合桩基（图 9-25），主体刚性桩（桩径 500、桩长 44m 钻孔灌注桩），水泥搅拌桩（桩径 500、桩长 13.5m）加固桩间土及地下室卸荷承载力。由于水泥搅拌桩对地下室地基作补强，提高了地基土的抗剪值，从而有效防止坑底土的隆起，所以考虑了地下室的卸荷补偿作用。为安全设计，本工程只局部（承台范围内）利用地下室卸荷量作补偿，竣工沉降量仅 2cm。

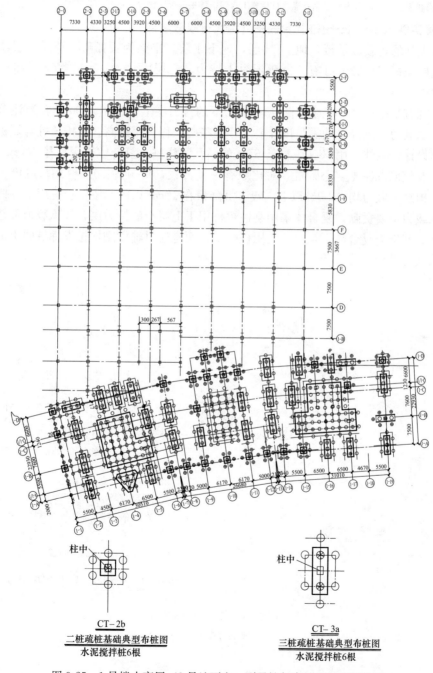

CT-2b
二桩疏桩基础典型布桩图
水泥搅拌桩6根

CT-3a
三桩疏桩基础典型布桩图
水泥搅拌桩6根

图 9-25　1 号楼小高层（2 号地下室）刚柔性复合桩基基础结构图

基础设计说明:

1. 本工程采用刚-柔性复合桩基,刚性桩为简易钻孔灌注桩、桩径 $\phi = 500$、桩长 $L = 37m$、抗拔单桩承载力 400kN、桩顶伸入承台 50,桩总数 258 根。混凝土等级为 C20、坍落 $180 \sim 220$,充盈系数 > 1.2、钢筋笼长通长、$6\phi 20$、$\phi 6@300$、每 2m 设加强箍 $1\phi 12$、伸入承台 500。

2. 水泥搅拌桩、桩径 500、有效桩长 12m(不包括松散层 0.5m)、单桩承载力特征值 120kN、桩总数 248 根。水泥拌入量 15%、水灰比 0.45。外掺剂石膏为水泥重量 2%、木钙为水泥重量 0.2%、施工操作严格按 JGJ79 技术规程进行,并按表作好记录。

3. 复合桩基施工工序,先施工钻孔灌注桩后施工水泥搅拌桩或分区流水作业。

【工程实例 13】 长-短桩复合桩基(温大行政教学楼)

温州大学的行政教学楼,地上 13 层,地下 1 层,平面为圆弧形。地质分层情况:淤泥、黏土层至标高 -32m 处有一圆砾混黏土持力层,层厚约 $4 \sim 5m$。其下标高 -60m 处有黏土夹中细砂持力层。

按常规桩基础设计,桩全部落在埋深 65m 的持力层上,选用 $\phi 800$ 钻孔灌注桩,桩长需 65m。承载力与沉降量均满足设计要求,但基础工程费用过高。后按长桩与短桩复合作疏桩基础设计,主体采用 $\phi 800$,桩长 65m 的钻孔灌注桩。复合体选用桩径 500mm,桩长 32m 的预制钢筋混凝土空心管桩。对比原有桩基方案,可节约 $30\% \sim 35\%$ 造价。工程主体长桩承担总承载力均在 50% 以上。竣工沉降量在 10cm 以内。主体长桩用于发挥下持力层,作承载力主要贡献,复合体采用刚性短桩用于上层土的持力层,作承载力补偿与沉降扶持。该类基础的复合体不是直接利用桩间土,而是通过辅助刚性桩发挥桩间土的摩擦力与桩端承载力进行补偿设计。

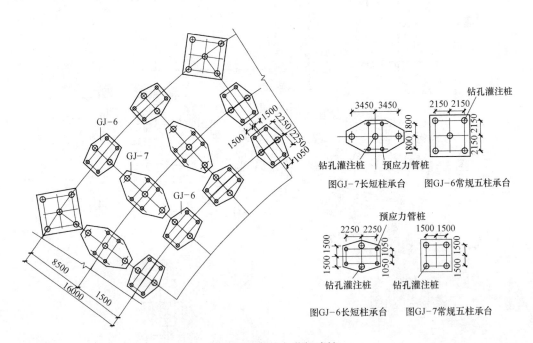

图 9-26 温州大学行政教
学楼基础图(局部)

复合桩基计算书汇总表

表 9-21

幢号	桩型	原桩基础 桩长/特征值 (m/kN)	复合桩基					有效复合地基面积				复合地基承载力验算	
			桩数（根）	主体桩（根）	复合体水泥搅拌（根）	减少桩数/比数（根/%）	要求复合地基承载力补偿值（kN/m²）	总着地面积（m²）	桩应力圆面积总和 $n \times [\pi/4(3D)^2]$（m²）	有效面积（m²）	面积置换率（%）	单桩特征值（kN）	复合地基（kN/m²）按注2计算
15	预应力管桩	43m/430kN	116	61	168	55/3.0	430×55/204=116	310	1.76×61=107	310−107=204	0.196×16/204=0.16	110	108≌116
16	预应力管桩	43m/430kN	105	58	163	47/3.5	430×47/136=148	238	1.76×58=102	238−102=136	0.196×16/136=0.24	110	151>148
17	预应力管桩	43m/430kN	110	59	174	51/3.1	430×51/184=116	288	1.76×59=104	288−104=184	0.196×17/184=0.19	110	124>116
9	简易钻孔桩	44m/410kN	142	74	198	68/2.9	410×68/266=104	396	1.76×74=130	396−130=266	0.196×19/266=0.15	110	103≌104
10	简易钻孔桩	44m/410kN	128	66	190	62/3.0	410×62/163=156	279	1.76×66=116	279−116=163	0.196×19/166=0.32	110	194>156
14	简易钻孔桩	44m/410kN	115	62	174	53/3.3	410×53/159=137	268	1.76×62=109	268−109=159	0.196×17159=0.21	110	136≌137

注：1. ξ（比数）—水泥搅拌桩桩数/减少的主体桩数。

2. 复合地基承载力 $f_{sk}=m \cdot N_d/A_p + \beta (1-m) f_k$

　　m—面积置换率=水泥搅拌桩桩面积总和/有效复合地基面积；

　　N_d—单桩竖向承载力设计值；

　　$N_d=1.2 (q_s U_p L + LA_s f_k) = 1.2 (45 \times \pi \times 0.5 \times 12 + 0.5 \times 0.196 \times 50) = 110kN$ （设计桩长 12m，桩径=500mm）；

　　f_k：桩间土地基承载力特征值 50kN/m²；$\beta=0.4$

　　A_p：单桩水泥搅拌桩截面积 0.196m²；

3. 有效复合地基面积=总着地面积−应力圆面积总和，应力圆面积=π/4 (3D)² （D=刚性主体桩径）。

西堡锦园工程多层建筑复合桩基础板带基础计算书汇总表

表9-22

幢号	地梁板带区段	计算区段着地面积及主体桩应力圆面积总和(m²)	有效补偿复合地基面积(m²)	计算区段复合体桩总面积置换率(%)	计算区段复合地基承载力 f_k(kN/m²)	复合体作用计算轴地梁计算线荷载(kN/m)	主体桩作用计算轴地梁梁跨最大弯矩(kN·m)	换算等效线荷载(kN/m)	作用计算区段上总线荷载(kN/m)	按连梁计算支座 $M_{max}=0.85(-0.079\times qL^2)$(kN·m)	计算支座梁截面地梁配筋(mm²)	按连梁计算跨中 $M_{max}=0.0462\times qL^2$(kN·m)	计算跨中面地梁配筋(mm²)
15	2~5/A~B~区段	7.5×2=15/1.73.5	15-3.5=11.5	0.10	76	$q_复$=182	505	$q_主$=72	q=254	928	φ25+8φ14=3684	639	4φ25+2φ22=2720
16	10/A~B~1区段	5.06×2=10~4.4=10/4.4	10~4.4=5.6	0.21	136	$q_复$=326	846	$q_主$=264	q=590	863	5φ25+8φ14=3684	615	4φ25+2φ22=2720
17	A/5~6~7区段	3.4×2=6.8/2.6	6.8-2.6=4.2	0.14	97	1.2×97×2.0=232	347	$q_主$=240	q=472	355	4φ22+8φ14=2750	245	4φ22=1521
9	A/10~11~12区段	4.5×2.0=9.0~3.1=9.0/3.5	9.0~3.1=5.9	0.18	120	288	556	$q_主$=219	q=507	517	4φ22+8φ14=2750	356	4φ22=1521
10	A/1~3~5区段	7.0×2.0=14/5.28	14~5.28=8.72	0.23	146	$q_复$=350	686	$q_主$=112	q=462	1519	φ25φ14 3φ22=4343	1045	4φ25+2φ22=2720
11	A~B~C区段	4.5×2.0=9.0~3.5=9.0/3.52	9.0~3.5=5.5	0.14	97	$q_复$=232	492	$q_主$=192	q=424	-576	4φ22+8φ14=2753	396	4φ25=1521
14	10/A~C~E区段	7×2=14/3.5	14~3.5=10.5	0.13	93	$q_复$=223	410	$q_主$=67	q=290	871	8φ14+3φ25=3463	599	4φ22=1521

注：1. 复合地基承载力 $f_复=m\cdot N_d/A_p+\beta(1-m)f_k=1.2(45\times\pi\times0.5\times12+0.5\times0.196\times50)=110$kN（设计桩长12m，桩径=500mm）；$f_k$：桩间土地基承载力特征值45kN/m²；$A_p$：单桩水泥搅拌桩截面积0.196m²（D=500）。

式中：m—面积置换率（水泥搅拌桩面积总和/有效复合地基面积）；N_d—单桩竖向承载力设计值；$N_d=1.2(q_sU_pL+LA_s\cdot f_k)$（主体桩），主体桩截面积$=\pi/4\,(3D)^2$。

2. 有效复合地基面积=总着地面积—应力圆面积总和，计算桩基板带基础强度时，荷载的总和分系数取用1.20（因荷载值有原桩基桩换算而来）。

3. 复合体（桩）、主体桩—应力圆面积总和；计算板带基础区域，其余区段弯矩调幅系数为0.85。

4. 各幢选用的板带基座弯矩，选用弯矩调幅系数为0.85。

5. 计算连梁支座最大弯矩，选用弯矩调幅系数为0.85。

表 9-23

1号2号地下室承载力补偿复合桩基计算用表

地下室	部位	一 原有桩基础 桩(预应力管桩)(根)	一 单桩特征值(kN/根)	二 复合桩基 主体桩(桩)(根)	二 单桩特征值(kN/根)	二 复合体增补桩(根)	二 单桩特征值(3)(kN/根)	三 复合桩基承台 底面积(m²)	四 主体桩基承台 力圆面积总和(m²)	五 复合桩基承台 补偿面积(三)-(四)(m²)	六 等效补偿复合地基特征值(一)÷(二)(kN/m²)	七 地下室卸荷补偿值(kN/m²)	八 复合地基承担补偿(kN/m²)	九 面积置换率 $m=S×$(二)÷(五)(%)	九 复合地基特征值(kN/m²)
1号地下室	2桩承台	2	1000	1	800	6	120	3×3=9	1×2=2	9−2=7	1200÷7=170	40	170−40=130	0.196×6÷7=0.168	137>130
	3桩承台	3	1000	2	800	6	120	3×4=12	2×2=4	12−5×2=8	1400÷11=220	40	175−40=135	0.196×9÷9=0.20	137>135
	4桩承台	4	1000	2	800	12	120	15	2×2=4	15−4=11	2400÷11=222	40	220−40=180	0.196×9÷9=0.196	180>180
	条式承台	2	1000	1	800	6	120	4.26×3=12	1×2=2	12−2=10	1200÷10=120	40	120−40=80	0.196×9÷10=0.12	105>80
		2	1000	1	800	6	120	4.79×3=14	1×2=2	14−2=12	1200÷12=100	40	100−40=60	0.196×6÷12=0.10	100>60
		2	1000	1	800	6	120	4.57×3=13	1×2=2	13−2=11	1200÷11=110	40	110−40=70	0.196×6÷11=0.10	108>70
2号地下室	2桩承台	2	1050	1	800	6	120	3×3=9	2.0	9−2=7	1300÷7=185	40	185−40=145	0.196×6÷7=0.168	140≈145
	联合承台	6	1050	3	800	18	120	3×8.5=25.5	6.0	25.5−6=19.5	3900÷19.5=200	40	200−40=160	0.196×18÷19=0.18	155≈160
	14桩承台	14	1550	14	800	42	120	86.4	2×14=28	86.4−28=58.4	10500÷58=180	40	180−40=140	0.196×42÷58=0.14	135>140
	16桩承台	16	1550	16	800	47	120	100	32	100−32=68	12000÷68=175	40	175−40=135	0.19×47÷68=0.135	130>135
	8桩承台	8	1550	8	800	25	120	54	16	54−16=38	6000÷38=157	40	157−40=117	0.196×25÷38=0.13	115>117
	2桩承台	2	1550	2	800	6	120	3×5=15	4	15−4=11	1500/11=135	40	135−40=95	0.196×6÷11=0.11	102>95

注：1. 地下室条形桩基取单位长度计算，主体桩同距 4.26、4.79、4.57m。
2. 用三倍桩径作主体桩应力圆：$D=3×0.55=1.65$m。$S=\pi/4D^2=2.10$m²，取用 2.0m²。

第二部分 软 土 工 程

第 10 章 软基工程实践回顾与思考

前面已对温州软土特性作介绍，可归纳为：（1）土的含水量"高"达 50%～70%；（2）淤泥、黏土层"深"达 40～60m；（3）土承载力"低"仅有 50～60kPa。人们通常把它比喻成"豆腐地基"是很恰当的，在这样的豆腐地基上要建造楼房谈何容易！

只有对一般原理运用恰当，设计才会合理，做到"因地制宜"和"双控设计"，那么软弱地基上的天然基础建筑物设计，一定会达到预期的效果。

总结与回顾软弱地基基础设计的经验，包括成功与失败，都有重要的意义。

10.1 难处理的工程

（1）1978 年建成的望江路 2 号楼工程首次应用纵向折板基础。从建成至今（2015年），历经三十多年依然屹立在望江东路。墙体完好无损，没有出现裂缝、倾斜与过量的沉降，是一成功的实例。因通常片筏基础建筑物容易出现"裂缝、倾斜、下沉"等弊端。联想到水能承万吨海船，从广义而言船也是建成筑物，它的地基是水，也没有打桩。为什么比水强得多淤泥地基就不能建造像"海船"般的建筑物呢！根据船体结构力学的原理，萌发了把常规片筏基础折合成 Ⅱ 形状的纵向折板基础（见第 12.1 节纵向折板基础）。

（2）1989 年由当地某设计院设计的建于温州平阳地区一幢五层民宅，建成后不久即严重倾斜达 30‰，危之倾倒。记得当年该幢危房部分住户曾以一间 200 元转让，后经我院纠偏后升值为 2000 元。

当年我们没有处理"大倾斜危房"这方面的经验。通过实地调查和机理分析，采用了钻孔取土深层综合纠偏法，不到三个月扶正了该幢危房，从而进一步总结了软基础工程设计经验（见第 12.2 节大倾斜危房纠偏）。

（3）1983 年位于浙江平阳化工厂一座大面积堆载车间，地基承载力只有 5t，而仓库堆载磷肥有 15t 并设有行车作业，地基为 25 余米深的软弱淤泥，当年设计院先后去了几个人次，均感难以处理，不敢承接该项工程。后我与同事郭宗林（同济毕业）走访同济大学，咨询了宰金璋老师，成功地采用综合桩基技术和砂桩技术解决了这一工程难题（见第 12.3 节大面积堆载工程）。

（4）20 世纪随着填海造地的大开发，吹填土工程的处理已为当务之急，让其自然造化是一个漫长的造土过程。针对这一情况提出了新的构思，把地基处理与结构措施融为一体，以二项专利技术造土（刚柔性复合桩基与倒筏板混凝土地坪）作支撑，构筑了地基、地坪综合处理技术（见第 12.4 章填海造地地基、地坪综合处理技术）。

（5）1986 年建于温州水心二幢五层砖混结构住宅，一改传统的桩基设计，由于常规桩基础设计要打很多桩、造成地面严重隆起。从广义来说桩是依靠土来支持的，桩打得太多，把土都挤得透不过气来，又怎么来支持桩呢！从而萌发了减少桩基的设计思想，一种由天然地基与桩基相结合的"疏桩基础"诞生了，记得当年的市质监站人员曾报告温州市设计院，还以为图纸画错了！（见第 3 章 疏桩基础初次应用）。

10.2　创新工程技术

1. 预制 X 异型桩

1996 年在温州医学院 13 层综合楼首次采用了预制 X 异型静压桩，当时温州进入旧城改造，要建高楼最先引入预制静压空心桩。但由于空心桩严重挤土危害限制了推广，从而萌发把预制空心桩的空心圆移到外侧制作构成 X 形异断面，并申报了专利。该异型桩对比空心桩，具有高承载力（提高单桩承载力 15%）与低挤土效应（挤土量为等截面空心方桩 40%）在温州得以推广应用，采用本专利技术的基础公司，击败了众多的竞争对手，承揽温州人民东路旧城改造一半以上的业务（见第 13.1 节 预制 X 形异型桩）。

2. 预制排渣桩头

2005 年迪王鞋业主厂房工程计 1 万 m^2、6 层框架结构，基础按刚-柔性复合桩基设计，其中刚性桩为采桩径 500mm、桩长 37m，振动沉管灌注桩。当桩基施工到一半时，严重的振动沉管灌注桩挤土效应涉及邻近民宅，被迫停工。后改用简易钻孔桩施工，桩径 500mm、桩长 37m，但孔底沉渣直接影响建筑物沉降，且建筑物又是七字形平面。针对上述情况，设计了一种能清除钻孔桩孔底沉渣的预制排渣桩头，取得良好的工程效果（见第 13.2 节预制排渣桩头）。

3. 刚构式码头

1970 年作者还在河海大学从事港湾工程教学与设计工作，承接了南京港码头的设计任务。作者在周铭先生指导下，一改常规的框架结构码头，提出了一种新型的刚构式码头结构。它具有结构简单，整体刚度好、施工简便、造价低廉的优点（见第 13.3 节刚构码头）。

4. 永久性支护结构

随着地下空间的大开发，地下基坑支护结构，尤其是在软弱的淤泥、黏土地质条件下的地下工程，投入的支护费用占比甚高，但服务的期限仅限于施工期，造成浪费。针对这一情况提出了新的构思，把常规基坑支护改成永久性，并申报了专利，继续服务于使用期，发挥基坑既有抗渗、止水、挡土的功能，可有效减少抗拔桩与底板钢筋（见第 16.5 节永久性的支护结构）。

10.3　创新计算技术

1. 基础梁的热莫契金连杆法新应用

1975 年调回故乡进入温州市建筑设计院工作，安排作者第一个任务是一个计算的难题（也许是考考这位大学老师的真才实学吧！）。一个"石砌圆型结构贮液池的内力计算"。据说"石砌结构贮液池[51]是当年该院上报的科技成果。由于计算无从着手，最大环张力是发生在池顶还是在池底不得其解，而且，没有现成的方法可参考。

幸好，作者曾就读于我国著名力学先师徐芝纶教授的"弹性力学"专修班，曾对基础梁的计算原理有过研究，并在该院总工邵毓涵先生（系资深老工程师、浙江大学第一届大学生）的配合下，巧妙地采用热莫契金连杆法原理解算了这一难题（见第 13.3.1 节石砌圆形结构贮液池计算）。此一方法，其后运用于疏桩基础的计算简图（见第 5.4.1 节计算简图）及弹性地基短梁计算（见第 13.3.2 节 弹性地基短梁）、天然地基基础梁的计算简图（见第 11.3 建筑物内力计算分析）。

2. 高桩岸壁与高桩墩台结构计算技术

1962 年在国家一级期刊"土木工程学报"发表作者第一篇论文"柔性高桩岸壁结构简化计算法"，其文摘为出国交流（见第 14.1 节）而后发表的"高桩墩台双弹性中心法"导出了轴对称的构筑物具有二度弹性中心，从而提出广义弹性中心的概念为桩基优化设计与高层建筑抗震设计开创了新思路（见第 14.2 节）。

纵观结构计算技术的发展，从计算尺到计算机的巨变。现在该计算方法似乎已失去它的实际应用价值，但作为解题思路仍有可借鉴的地方，所以仍收编在内以飨读者。

3. 土坡稳定的计算技术

岸壁、基坑的稳定计算，历来是港湾工程、地下工程的一项复杂繁重的工作。记得当年没有计算机，一些大学毕业生分配到设计单位有的就是长年累月用条分试算法计算土坡稳定，其计算的繁杂、乏味可想而知。当年在全国推广华罗庚的"优选法"的 0.618，从而萌发了应用运筹法解决土坡稳定的计算难题（见第 14.5 节）。

第11章　软基础设计原理

11.1　概述

软弱地基基础设计，是很复杂的工程技术，光凭工程经验，有很大的局限性，而且容易陷入误区。按照传统的天然地基基础设计方法，在温州主要是利用地表硬壳黏土层的承载力（老六吨）作设计。从承载力控制而言，温州的软土地基可以建造五层砖混结构，但单一从沉降量控制而言最多仅能满足一、二层建筑物。

在没有桩基年代，采用纯天然地基工程，我们对建筑物设计作了很多的限制：要求建筑物形体是规则的，长、高比严格限于小于2.4，建筑物层数不能超过五层，并要预留足量（一般为50cm）的沉降量等。在极其深厚软地基上，我们走过了漫长的道路，从成功与失败的教训中积累了一些成功经验。在总体设计思路上：可归纳为"四句话"，即"以刚制柔"的工程对策；"扬长避短"的技术措施；"因地制宜"的辩证施治；"统筹优化"的方案论证。只有对一般原理运用得当，设计才会合理。

1. "以刚制柔"的工程对策

（1）采用上述的限制措施，用来加强建筑物的纵向抗弯"刚"度，来制约"柔"弱地基土，引起建筑物纵向正向弯曲形变，从而达到以刚制柔的目的。

（2）采用纵向拆板基础，以加强与提高结构整体抗弯刚度，可制约软土地基建筑物纵向弯曲形变。从而达到以刚制柔目的。

2. "扬长避短"的技术措施

（1）采用"架空地面"与端山墙"回填压载"进行"内力调平"，从而调节建筑物的纵向正弯曲。"架空"与"压载"二者可达到互补、扬长避短作用。

（2）采用"宽基与浅埋"充分利用地表硬壳层承载力与加强横向抗倾能力。"宽基"与"浅埋"二者可达到互补、扬长避短作用。

3. "因地制宜"的辩证施治

（1）"增厚硬壳层"法是提高地基土承载力有效措施之一，利用温州盛产的石渣作回填料，配合压路机辗压。增厚地表硬壳层为目的，提高地基土的承载力与应力扩散作用。但对下卧层软土则是一种外载荷，所以必须经过时效，使回填土成为土体一部分方能达到上述的目的。

（2）"石丁挤密"采用温州盛产的条石，做成上大下小，长1.5～2.5m，外形似桩体，俗称"丁桩"，挤入表层土以提高表层土的承载力，但其挤入的深度不宜超过表层土厚度，否则适得其反。

（3）"堆载预压"用砂垫层、砂井配合预压堆载用以排水固结，减少工后沉降量并可提高地基土承载力。但切不可采用砂垫层作基础处理，否则成了一个长期排水固结通路，加大了工后下沉量，从温州华侨饭店可见一斑。

4. "统筹优化"的方案论证

上述的工程措施都是基于对软弱地基的一般原理与性状分析，基础方案必须按"统筹优化"进行论证方能达到最优设计。为此，作如下有关问题的讨论。

11.2 建筑物与地基土的接触应力一般特性分析

众所周知，基础的设计首先在于正确判断与确定与地基土接触部分的压力分布及其规律性，并以此来研究建于软土地基上的建筑物应力应变特性。

11.2.1 不同地基土对接触应力的分布影响

图 11-1 所示为三根承受一样的均布荷载与完全一致的几何特性的基础梁，仅由于地基（基岩、黏土、砂土）特性不同，此时，它们之间的基础底处接触压力差异而呈完全不同的分布规律。

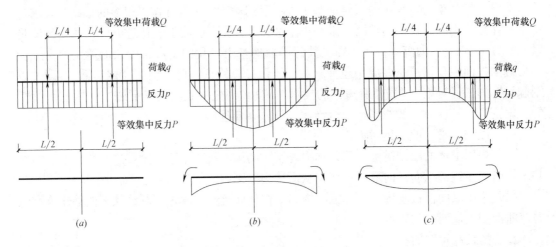

图 11-1 不同地基土在受均布荷载时，基础梁的变形和接触应力分布图
(a) 基岩地基；(b) 砂性地基；(c) 黏土地基

（1）在基岩地基时，当其建筑物受均布荷载时，变形特征为直线挠曲，因为基底的接触应力呈均匀分布。

（2）在砂性地基时，当其建筑物受均布荷载时，变形特征为反向挠曲，因为基底的接触应力呈抛物线形分布。

（3）在黏性地基时，当其建筑物受均布荷载时，变形特征为正向挠曲，因为基底的接触应力呈马鞍形分布。

对于基岩地基，由于颗粒间存在着整体性，它的变形特征较接近于弹性半无限体假定，当上部建筑物的刚度很大时，变形引起基底接触应力为直线分布。

对于砂性地基由于地基土颗粒之间无黏聚力，地基的变形特征符合温克勒假定，即基床系数假定。对于软土地基只有当压缩层（即软土层）厚度较小时，通常要小于基础宽度（即建筑物宽度），它的变形特征才可近似按基床系数假定进行。

对于黏性地基，即软土地基则由于土颗粒间存在着黏着力，它的变形特征较接近于弹性半无限体假定，但由于软土的塑性流变等因素，它的变形特征不完全符合弹性半无限体假定，而必须考虑软土的塑性变形引起基底接触应力的重分布。

11.2.2　基础梁刚度变化对接触应力分布影响

当基础梁由柔性转为刚性时，对于砂性地基，其基底应力由抛物线分布转为直线分布（图 11-2），所以，基底应力接直线分布假定，只适用于温克勒地基。对于黏性地基当基础梁由柔性转为刚性时，其基底应力由马鞍形分布转为两端大中间近似于直线分布，但其值约为平均值的 0.85 倍。所以对于软土地基上的刚性基础梁，按直线分布假定是近似的，并应在直线段乘以小于 1 的折减系数，其地基应力仍向两端集中。

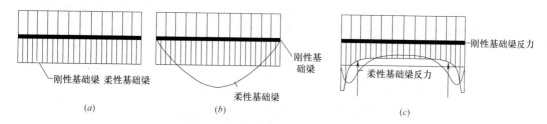

图 11-2　受均布荷载时当基础梁由非刚
性转为刚性时接触应力变化

（a）基岩地基；（b）砂性地基；（c）黏土地基

11.3　软土地基上的建筑物内力计算探讨

建于软土地基上的片筏基础或条形基础，常用"倒梁法"计算内力，一是假定地基反力按直线分布：二是假定倒梁支座（横墙或柱）视为刚性支座，并按刚性支座上连续梁求解内力，这种方法求出的内力（M，Q），如图 11-3（c）所示，显然与实际情况有较大的差异，因为按刚性支座上连续梁求出的内力仅仅考虑构件（或梁）在荷载作用下的自身相对变位产生的力，而忽视了软土地基上建筑物整体形变（纵向弯曲）产生的内力（M，Q）（图 11-3b），当考虑整体形变时，此时内力可近似用上述二部分叠加（图 11-3a），即

$$M_总＝M_整＋0.85M_局$$

式中，$M_整$ 为建筑物整体形变产生内力可利用弹性半无限体假定的地基上绝对刚性梁计算内力。

$$M_整＝0.041q\beta^2$$

式中　β——建筑物长宽比，$\beta＝L/B$；

q——作用于建筑物上沿纵向方向的线荷载。

$M_局$ 为基础梁在均布地基反力作用下，各跨相对变形引起的弯矩，按刚性支座多跨连续梁计算，其作用于基础梁上的均布荷载应力，考虑地基反力向端部集中引起的折减系数可取 $\alpha＝0.85$。以上叠加法计算，实质上就是图 11-3（a），把基础梁视为倒置在弹性支座（横墙上）上的多跨连续梁的简化计算法。为求计算上的正确，可用"链杆法"解基础梁内力，可参照 14.1 石砌圆形结构贮液池理论计算。

从上可见，软土地基基础设计，不能简单地假定按直线分布，此外，按倒置在刚性支座上的连续梁进行计算也是不合理的。本节提出的方法可用于实际工程，鉴于天然地基上

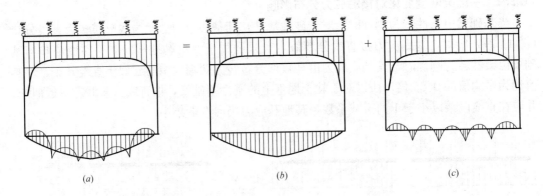

图 11-3 弹性地基上基础梁内力简化计算简图

(*a*) 弹性支座连续梁内力图; (*b*) 弹性地基上基础梁整
体形变产生内力图; (*c*) 刚性支座连续梁内力图

的基础梁，从计算入手至今仍未有实用计算法，较多沿用地区经验作配筋设计。很大程度是带有盲目性，务必按本节介绍方法作配套设计。

11.4 软基上建筑物的某些工作规律

把建筑物视为图 11-4 所示的一根卧置在天然地基上的空间基础梁，为了说明软土地基上建筑物工作的某些规律，根据上述建于软土地基上建筑物基底反力沿纵向两端集中并呈马鞍形分布的规律，在此，近似地采用二个等值的集中力来代替地基反力，如图 11-4 所示。设二集中力间距为（梁跨）$l=\alpha L$：（L 为建筑物长度，α 为系数），根据结构力学原理可得建筑物中点挠曲变形值 Δ 为：

$$\Delta = 5ql^4/384EI = 60q\,(\alpha L)^4/384EBH^3 = k\,(q/E)\,(L/B)\,(L/H)^3$$

现把上式改为一般函数式表示

$$\Delta = f\,(K\,[q/E]\,[L/B]\,[L/H]^3)$$

式中 I——为混合结构综合计算惯性矩应分别包括建筑物上部结构与基础部分；

E——建筑物综合弹性模量；

B——建筑物横向尺寸；

H——建筑物总高度；

L——建筑物总长；

K——建筑物地基的综合特性系数（是 α 函数）。

分析上式可得以下规律：

根据上述方程式的函数式关系作如下分析：

（1）建筑物正向挠曲变形值 Δ 与 $(L/H)^3$ 成正比，可见用长高比 L/H 作控制砖混结构变形是适宜的，地基基础设计规范曾把该值限于 2.5 并视上部结构为刚性的规定是合适。

（2）建筑物挠曲变形值 Δ 与 (L/B) 成正比，这就说明，建筑物变形值与房屋宽度成反比，对于宽度较小的建筑物对控制值还要控制得严，即不能单一从 (L/H) 的固定指

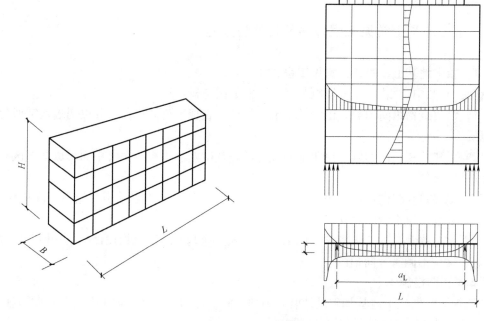

图 11-4　模拟工作简图

标值限于 2.5 来说明建筑物的上部整体刚度是不全面的，而必须同时引入长宽比（L/B）值。

（3）建筑物挠曲变形值 Δ 与砖混结构砌体的弹性模量 E 成反比。这就要求上部结构采用实砌砖墙砌体与高标号的砌筑砂浆，这对控制变形值与防止裂缝开展是重要措施，但由于软土地基承载力低，因此，不能要求全部砌体都为实砌砖墙，为了有效提高砌体抗变形性能，建议在一、二（三）层采用实砌墙，并适当加强底层圈梁与转角处增设构造柱（这也是六度设防所需要的），这样把上部结构连同刚劲的基础，构成一个类似于箱形基础，对控制变形很有利。

（4）建筑物挠曲变形值 Δ 与作用在基础梁上的荷载 q 成正比，因此采用轻质材料与空斗砖墙是减少地基下沉与基础变形的途径之一，但是空斗砖墙体的弹性模量值又被大大减弱了。

因此就墙身砌筑方法而言，应考虑减载与加强刚度之间的统一。通常做法是对加强刚度有直接影响的下层砌体做实砌砖墙，对变形无直接影响的上层砌体，以考虑减载为主做空斗砖墙。

（5）建筑物挠曲变形值 Δ 与系数 K 成正比，这个系数是一综合系数，主要取决于地基土的物理力学特性与地基处理情况。为了减少 K 值的影响，有效的途径是改善地基土的力学特性。如采用地基处理方法改善地基土的特性，提高地基土的压缩模量。

综上所述，对于软土地基上的建筑物上部结构作刚度分析是必要的，但是它是一个综合因素，难以用具体的刚度关系式来判断，通常更多地在设计上作构造措施统筹考虑。并以总体定性分析与局部定量计算相结合，计算与构造措施相结合，从而使设计更接近实际，避免出现各种人为主观盲目性。

11.5 软土地基上常见工程弊端及其预防措施

11.5.1 软土地基上建筑三大常见工程弊端

在第 10 章中，"软土工程回顾与思考"的案例分析可见：

（1）沿建筑物纵向怕裂，由于软土地基特性，表现于正向挠曲，并以两端八字形裂缝为常见。

（2）沿建筑物横向怕倾，由于地基载力低，基础两侧边缘应力集中而形成塑性区开展而导致横向倾斜。

（3）沿建筑物竖向怕沉，由于土的含水量高，地基土排水固结引起地面沉降历时长，数值大，以致严重影响使用功能。

作者把上述常见的三大弊端，归纳为建于软土地基上的建筑物设计的"三怕"即"纵向怕裂、横向怕倾、竖向怕沉"。

11.5.2 预防措施

"三怕"是做软土地基基础设计时必须预防的工程问题，现作如下分析与预防措施：

1. 建筑物纵向裂缝原因及预防措施

我们知道，对建于均质黏性土地基上的混合结构房屋，当荷载沿房屋纵向作均匀分布时，其变形呈凹型，这是由于地基的反力沿建筑物两端集中缘故。这种集中程度在软黏土更为明显。

由于地基反力沿结构纵向两端集中而引起剪力向两端集中（图 11-5），而最大剪力则发生在两侧，其混合结构应力的分布规律是类同深梁的应力分布（图 11-4）。

按照上述模拟图式，把混合结构房屋视为换算跨度为 L 的简支深梁，根据深梁的特点与应力分布的规律就不难理解，裂缝的开展则由底层两侧向外八字开展并向高层消失为常见。而这种开裂是由于端部剪力引起的主拉应力导致裂缝开展，故可名为"剪切破坏"。

"剪切破坏"是软土地基上混合结构最常见的形式。我们认为软土地基的设计首先应遵循其建筑物受力与形变总特征，即"横向受力，纵向形变"。说明一般建筑物虽然受力途径是通过横墙承重。但它的形变总趋势仍表现为纵向弯曲。这一特征被软土地基上建筑物大量实测沉降资料所证实。并把此特点作为设计软土地基基础所遵循的原则。

根据这一原则，我们采用"以刚制柔"的方法作为软土地基工程设计对策，即用加强基础包括建筑物上部结构的纵向"刚"度，提高建筑物纵向抗弯能力制止"柔"软地基上建筑物"八"字裂缝的开展。

图 11-10 纵向折板基础正是根据这一设计思路所产生的一种形式。纵向折板基础，由于沿纵墙轴线折合，改变了基础断面几何形式，使有限的断面尺寸获得很大的刚度，使建筑整体空间工作性能有明显的提高，而且被众多的工程实践所证实，它能防止建筑物纵向弯曲产生的"八"字裂缝。

2. 建筑物横向倾斜原因及预防措施

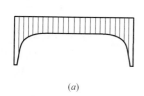
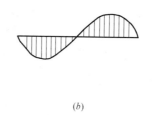
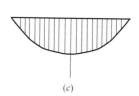

(a) (b) (c)

图 11-5 软弱地基上建筑物沿建筑物纵向地基内力分布图

(a) 反力；(b) 剪力；(c) 弯矩

建筑物横向抗倾斜能力是软土地基基础设计另一个至关重要问题，特别对于层数较多、进深较窄，并一侧设有挑台的建筑物更不能掉以轻心。

图 11-6 所示为建筑物倾斜机理分析示意图，可见基底边缘处由于应力集中引起塑性区的开展，并随应力增加土的流变塑性区逐渐向地表扩展。建筑物一旦有微小偏心或外来影响，倾斜即刻发生，这是常见的工程现象。

为了有效地防止倾斜，在基础设计中建议：

（1）由于软土地基的承载力很低，对于地基上基底应力分布，看作中心受压或小偏心受压下工作。并按下式验算（图 11-7）：

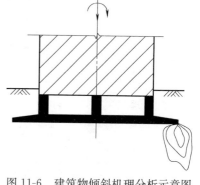

图 11-6 建筑物倾斜机理分析示意图

$$p_{max} = N/F + Ne/W < 1.1[p]$$

式中 N——上部总荷载；

$\quad\quad F$——基础总面积；

$\quad\quad e$——偏心距（建筑物重心至基础形心距离）；

$\quad\quad W$——基础断面模量；

$\quad\quad [p]$——地基土允许应力。

根据上式，对于建筑物重心轴的验算与基础的形心调整是不可缺少的设计环节。

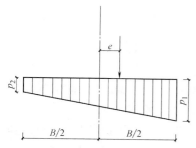

图 11-7 横向基底应力分布计算简图

（2）合理地设计基础形式，以提高基础自身抗倾能力，建议选用如下形式：

① 采用"增厚硬壳层基础"（图 11-8）为了防止基底边缘应力集中，引起塑性区开展，导致地面隆起、挤出变形。当地表硬壳层较薄时应增设人工垫层，作镇压层，又可有效提高表层硬壳压缩模量。

② 采用"横向拓展基础"（图 11-9），建筑物两侧基础板向横向外侧扩展，基础中间部分可以减少或挖空。由于采用拓展基础，基础抗倾能力自然比一般基础要强。但是要保证拓展部分的刚度，才能有效地提高抗倾斜能力，建议采用横向折板基础或带肋梁悬板。

③ 采用"纵向折板基础"（图 11-10），由于纵向折板的肋脚对边缘土体起着嵌固、保护与镇压作用，一旦建筑物发生倾斜，基底肋脚便产生相应被动抗倾力距，因此该类基础

105

在抗倾性能方面要比一般筏基为强。

④ 采用"外侧抗倾桩基础"（图 11-11），由于天然地基稳定性差，即使在中心受压下工作，倾斜有时也不可避免。建议在天然地基横向两侧外缘预留压桩孔，待建筑物封顶再施加锚杆静压桩，以防止过量下沉而引起倾斜。

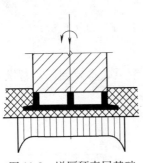

图 11-8 增厚硬壳层基础

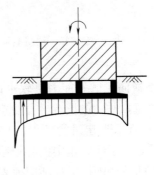

图 11-9 横向拓展基础

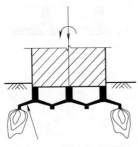

图 11-10 纵向折板基础

图 11-11 外侧抗倾桩基础

（3）建筑物竖向下沉原因及预防措施

减少与控制建筑物沉降量乃是天然地基基础设计一个重要组成部分，控制沉降量不仅能满足使用要求，而且控制与减少沉降量对于缓和与防止建筑物纵向"八"字裂缝的开展以及建筑物横向倾斜均有直接的影响。

软土地基上建筑物的沉降，通常由三部分引起：

① 地基土的压缩下沉是建筑物下沉主要原因，首先必须利用天然地表硬壳持力层作设计，并根据控制沉降量的需求，作适度的地基处理。

② 新增的人工填土作硬壳层处理时，则要慎重，要防止新填土不密实而引起的瞬时下沉，因此必须有足够时效，使回填土作为土体一部分，而不是外载荷。

③ 控制基底边缘应力集中引起的塑性区开展，导致土的流变隆起挤出下沉，所以基础的埋置要适当埋深。这与宽基浅埋并非矛盾，浅埋的目的为有效利用地表硬壳层承载力，但过于浅埋，不利于基础稳定。当采用纵向折板基础可改善地基土受力状态减少下沉量。

综上所述，在设计软土基础时，务必要考虑本章上述提及的原理和措施，并实施"双控设计"即承载力控制与沉降量控制，鉴于天然地基固有特性，沉降量大。随着建设事业发展，单纯利用天然地基承载力已不能满足使用要求，采用疏桩基础是开辟天然地基承载力的新途径。

第12章 难处理软地基基础工程案例

12.1 纵向折板基础

12.1.1 概述

图12-1所示为温州望江路2号楼工程，建于1978年首次应用纵向折板基础。从建成至2013年，墙体完好无损，没有出现"八"字裂缝和明显的倾斜与过量的沉降。

纵向折板基础是基于"软土基础设计理论"所述的建筑物受力与变形的分析，即"横向受力，纵向形变"，而诞生的一种基础形式。

该工程系五层沿街建筑，底层为商场，设二跨单层框架结构，上面四层为横墙承重砖混结构住宅，全长30.85m、宽9.25m、高17.0m。该楼建于沿江软弱淤泥地基上，地表仅有1.5~2.0m人

图12-1 温州望江路2号楼工程（摄于2013年）

工填土，承载力 $[R]=70kPa$，以下20余米均为高塑性淤泥质黏土，承载力 $[R]=40kPa$，含水量 $w=50\%$，压缩模量 $E_s=16MPa$。基础采用纵向折板基础（图12-2）。

至1990年已建成的二十余幢折板基础工程，除二幢采用横向折板基础（折板设在横向承重墙）出现"八"字裂缝外（图12-3），其余所有的纵向折板基础与点式纵、横交叉折板基础没有发现"八"字裂缝与明显倾斜。

为验证软弱地基上纵向折板基础的合理性，于1979年在飞霞桥住宅小区作纵、横向折板基础对比应用，所建二幢宿舍楼，建于同一地基、相邻布置同是五层砖混结构。有关技术经济对比指标

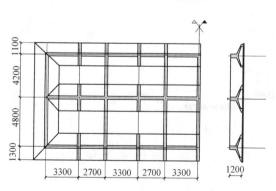

图12-2 望江2号楼纵向条形折板基础

详见表12-2，证实了纵向折板基础在抵抗墙身"八"字裂缝比横向折板基础更适宜于软弱地基。

这是由于建在软土地基上一般建筑物虽然受力途径通过横墙承重，但建筑物的形变总趋势仍表现为明显的纵向弯曲，我们用"以刚制柔"作为软土地基基础设计工程的对策，

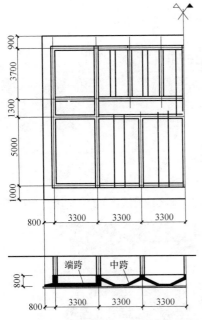

图 12-3 飞霞南路安置房横向折板基础

即以加强基础包括建筑物上部结构的刚度来提高建筑物纵向抗弯曲能力，从而制约柔软地基上建筑物"八"字裂缝的开展。

12.1.2 折板基础的构造一般规定

折板基础实质上是筏板基础的一个分支，通常筏板基础设有地梁与不设地梁（不埋板式基础）二种形式。其筏板部分常做成平板，而折板基础所不同的是仅把筏板部分折合成一定的折角，改变其断面几何形状，达到加强刚度的目的。但从土力学观点而言它的作用则不只是单纯改变刚度，而且改善地基土的受力状态。

（1）常用折板基础的断面形式

图 12-4 为常用的基本型断面，称为"梁肋式①型折板"，其基本单元有地梁、肋梁、肋脚、翼板（条形折板不设翼板）、肋隔梁与胎模等部分组成。

（2）构造尺寸及一般规定

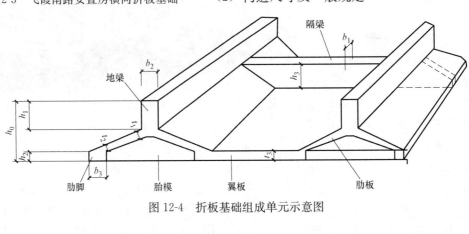

图 12-4 折板基础组成单元示意图

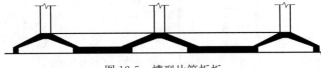

图 12-5 槽型片筏折板

表 12-1 为梁肋式折板基础构造尺寸及一般规定，主要是根据我们工程实践而总结出来的。所提供构造尺寸与一般规定难免带有地区局限性与片面性，仅供设计参考。

混凝土强度等级一般采用 C20。肋板、翼板受力钢筋直径一般宜用 8mm，但不得小于 8mm，分布筋直径为 6mm，钢筋保护层不宜小于 35mm。胎模的选择应根据地表持力层厚度、地下水深度以及成型方法的不同，通常有：原土挖槽做土胎模；原土部分挖槽做

---

① 在实际工程设计中，还可以演变成其他形式的断面：当不设顶部地梁时，便成图 12-5 所示的槽型片筏折板基础；当肋板延伸相交取替翼板时，就成为图 12-6 所示有地梁或无地梁的锯齿形片筏折板基础。

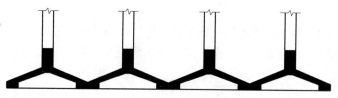

图 12-6　锯齿形片筏折板

土、石混合胎模；原土不开挖做石胎模等。

当地表持力层或杂填土较厚时，宜采用原土挖槽成土胎模，土胎表面夯实，上抹 20～30mm 厚 1：2 水泥砂浆垫层。利用原土挖槽成模，可以卸去多余地表杂填土，起到卸荷载补偿的效果。

表 12-1

名　称	宽（mm）	高（mm）	厚（mm）	坡角(α)
地梁	$b_1=b+2a$　b—墙宽 $a=25\sim50$	$h_1=(0.5\sim0.7)h$ $h=800\sim1200$		
肋脚	$b=(1.5\sim2.0)h_2$	$h_2\geqslant t_2$		
肋板			$t_1=t_2+50\ t_2=150\sim200$	$\alpha=30°\sim35°$
翼板			$t_3=t_2$	
肋隔梁	$b_2=b_1$	$h_3=(0.7\sim1.0)h$		

12.1.3　折板基础计算简图简介

折板基础由于结构不同于片筏基础，受力状态较为复杂。为了计算的简化，一般把地基接触应力假定作直线分布。此时：

对于纵向折板基础可分析于图 12-7，倒置在横墙上的多跨桥梁体系，其内力计算可

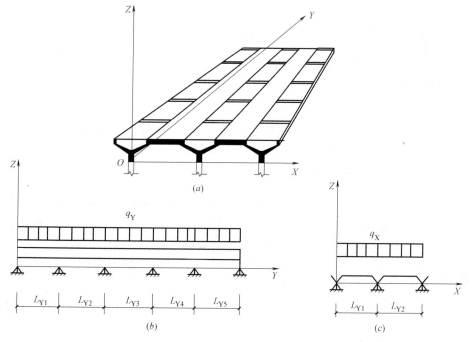

图 12-7　从向折板基础计算简图
（a）从向折板基础工作示意图；（b）Y 向计算简图；（c）X 向计算简图

参照桥梁结构。

对于横向折板基础，由于位于中部折板的拱波左右两端所受推力互相平衡，可按图12-8所示，作两端固端折板拱作计算简图。对端跨则按片筏作设计，以防止单侧推力的不平衡。

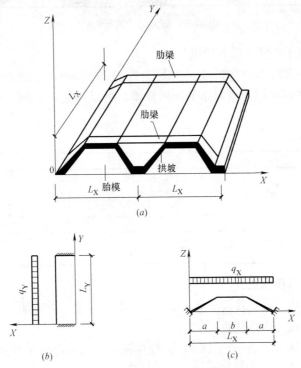

图 12-8　横向折板基础计算简图

注：有关折板基础内力计算详见文献[35]

12.1.4　纵、横向折板基础适用性的讨论

1. 从经济指标分析

根据我们工程实践，从表 12-2 可见：

（1）由于折板基础，改善筏板基础的断面几何形状，发挥了折板几何特征与反向拱壳作用充分发挥混凝土材料性能，其三材用量比一般筏板有明显节约。

（2）对比纵、横向片筏折板基础工程用量，两者无明显的区别。

表 12-2

工程名称	钢 （kg/m²）	水泥 （kg/m²）	造价 （元/m²）	备注
望江 2 号楼（底层商场，上为四层住宅）	5.0	21.1	7.05	纵向条形折板
飞霞桥 A 幢五层住宅	3.4	16.3	7.4	纵向片筏折板
飞霞桥 B 幢五层住宅	3.6	16.5	8.8	横向片筏折板
百里 3 号楼（底层商场，上为四层住宅）	7.0	26	8.0	梁式片筏基础

2. 从加强建筑物刚度分析

纵向折板基础，由于沿纵墙轴线折合，改变了基础横断面的几何形状，使有限的截面尺寸获得较大的刚度，从而加强了建筑物纵向抗弯刚度，使建筑物整体空间工作性能有明显的改善，有效防止建筑物的纵向弯曲产生的"八"字裂缝。

如果我们把折板基础板波支承在横向承重墙上，即沿横墙轴线折合，从平面受力角度来分析，它似乎比纵向设置板波受力途径更为明确与合理。而且各跨折板拱推力取得相互平衡，但从加强建筑物刚度而言，横向折板基础只能提高建筑物的横向刚度，而不能直接有效地提高与加强建筑物的纵向刚度。

3. 从建筑物横向抗倾的能力分析

建筑物抗倾斜能力是软土地基基础设计的另一个至关重要问题，往往由于悬挑扩展部分底板刚度不足，底板翘曲以及基底边缘部分地基土流变挤出引起倾斜的事故为数不少。

而纵向折板基础由于横向肋梁作用，使悬挑肋板具有足够的刚度，同时纵向折板肋脚对边缘土体起到嵌固、保护与镇压作用，使边缘土体不易被挤出，而且，外悬斜板部分由于基底土体的镇压作用，而发生被动土抗力使之产生抗倾斜力矩的功能（图 12-9）。

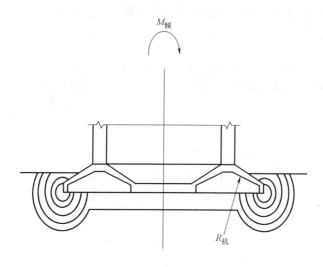

图 12-9　建筑物横向倾斜机理分析图

4. 从减少建筑物沉降性能分析

减少与控制软土地基上建筑物沉降量是天然地基基础设计的一个重要组成部分。

对于采用原土挖槽做土胎模的折板基础，它起着明显改善基底土应力状态的功能，可以视为一般筏基或不埋板基下的土体应力状态由单向受压转换成折板基础下的二向或三向应力状态，因此，对土体由应力引起的排水固结产生的沉降量自然比一般基础为小。

如果当地表杂填土较厚时，基础可作适当埋深，这样可卸去折板波上部多余的杂填土，从而达到卸荷补偿的效果。这种卸荷补偿可减少建筑物的沉降量。

综上所述，折板基础对建于软土地基上建筑物常见的"八"字裂缝、横向倾斜、严重下沉的三大工程弊端起着显著的缓和与改善作用。而且在理论上与实际工程上也证明了纵向折板基础更适宜于软弱地基。

12.2 大倾斜危房纠偏

12.2.1 概述

建于软弱地基上的建筑物，由于种种原因造成倾斜屡见不鲜。对于小倾斜的危房纠偏

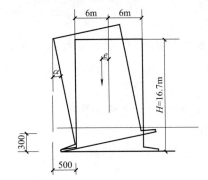

图 12-10 建筑物横向倾斜示意图

已积累了不少经验，但当其倾斜率超出危房标准（按 >7‰为危房标准）3～4 倍甚至更大时，其纠偏难度就非同一般。

1991 年成功采用了"深层综合纠偏法"[37]扶正了一幢长 40.4m（计 11 间）、宽 12.0m、高 16.7m 的五层砖混结构住宅。该建筑物南向北倾斜达 50cm，其相应的倾斜率为 30‰（图 12-10），为危房标准 4 倍之多。

该工程建于浙江省平阳县某住宅区，地处淤泥、淤泥质黏土地基，土的含水量 $w>70\%$。土层分布见表 12-3。

表 12-3

土层	层厚(m)	土质特性
填土	0.3～0.7	耕土,软塑,高压缩性
淤质黏土	0.6～1.0	饱和,软塑,高压缩性
淤泥	1.0～30	饱和,流塑,高压缩性

该工程原为当地某设计单位设计，一至三层楼面采用多孔板；四、五层为木楼盖，屋面为现浇板；三层以下每开间外墙设构造柱，每层设圈梁，采用钢筋混凝土条形基础。工程建于 1989 年 8 月。当施工至五层屋面时，发现房屋整体向后（北向）倾斜与沉降。根据 1989 年 9 月至 10 月的二次沉降实测，见表 12-4 与表 12-5，该房屋不仅沉降速率大，而且后倾不均匀下沉率大，E 轴为 A 轴平均值 3.42 倍。

表 12-4

沉降量(mm)	1	2	3	4	测点示意图
37 天沉降值	42	26	109	135	
沉降速率(mm/日)	1.13	0.70	2.94	3.23	

1989 年原设计单位对其进行纠倾加固，每开间 E 轴外侧底板钻孔穿木桩加固，施打四根松木桩，桩径 160cm 长 6m。经 1989 年月 10 月至 1990 年月 1 月计 82 天 7 次沉降实测见表 12-5。

表 12-5

沉降量(mm)	1	2	3	4	测点示意图
82 天沉降值	157	149	161	176	
沉降速率(mm/日)	1.92	1.82	1.97	2.15	

从表 12-5 可见，平均沉降速成率仍没有减少。但 E 轴比 A 轴下沉有所缓和。1989 年底累计沉降已达 40 多公分。

该幢住户来我院求援，面对"大倾斜危房"我们还没有这方面的经验。通过实地调查和机理分析，于 1990 年 2 月提出"一顶一放"加固纠偏设计方案（图 12-11）。

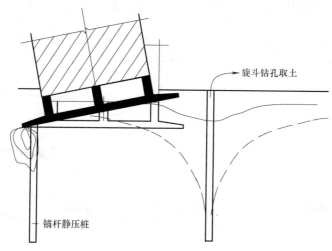

旋斗钻孔取土

锚杆静压桩

图 12-11　纠倾机理示意图

12.2.2　倾斜原因分析

经我们对该工程倾斜作总体系统分析，把建筑物连同地基视为一整体作剖析，造成该工程倾斜的原因：

（1）根据场区地质剖面可知，建筑物处在深厚淤泥（深达 30m 以上，含水量达 70% 以上）的极软弱地基。地基土对上部结构是相当的敏感，土的稳定性能很差。

（2）经验算原设计图建筑物的重心严重偏离基础中心达 50cm 以上，基础处在大偏心受压，引发基础边缘塑性区的开展，导致地表土的挤出流变下沉。

（3）基础设计没有考虑倾斜力矩，底板外悬尺寸远远不够。

（4）场区外周地面又没有设置排水系统，因此加剧倾斜。

从上分析可见，造成该工程事故，客观上是软弱地基土，主观上则是设计者对特软土的特性缺乏足够认识，又没有设计经验。

12.2.3　纠偏机理分析与方法归类

综合以往纠偏工程经验，根据本工程实际情况，为探索软弱地基上建筑物上纠偏方法，我们把各种方法作用机理可分析于以下二类：

一类：排水固结法（表 12-6）。它是根据土体的排水固结原理，采用各种方法加速排除土体的孔隙水，达到固结沉降作用。上海市区在 20 世纪 60 年代，由于大量打深井抽出地下水，造成土体排水固结，导致区域性下沉。可见，利用此原理可以用来纠偏。我们把采用此机理的纠偏方法通称为"排水固结方法"。又如深层抽水法、压载法，均可归纳于此方法。

二类：基底应力调整法（表 12-6）。建筑物倾斜的直接原因是它的重心与基础形心相偏离，产生倾斜力矩，一旦地基承载力承受不了，倾斜也就不可避免。如果我们能用各种办法释放并调整基底应力，使建筑物重心与基础合力中心重新得以改变，从而产生反向抗力，凡是利用此原理用来纠偏的方法可通称为"基底应力调整法"。又如基底掏土法、基底深层掏土法、扩底法、基桩加固法、泡水稀析法，均可归纳于此方法。

根据以上的机理分析，把现有各种方法也可分为浅层纠偏与深层纠偏法。通常对于小倾斜的建筑物可采用浅层纠偏去处理，而对于大倾斜的建筑物，采用浅层纠偏法难以达到理想的效果。所以，正确地判断与选择纠倾方法是纠偏工作中重要的环节，不能掉以轻心。现把各种方法归在表 12-6，以便提供有效工程决策。

表 12-6

类 别	方 法		示 图
浅层纠偏法	基底掏土法	人工掏土或高压水枪冲土法	
	压载法	直接压载法（作用于建筑物本身或底板）、边载压载法	
	泡水稀析法	挖沟灌水、泡水稀析排土法	
	护底法	加大倾斜一侧底板	
深层纠偏法	基底深层掏土法	竖向挖孔取土法（人工挖孔或机钻）	
		水平向抽土法（沉井、井下水枪冲土法）	
		挖沟、水平向螺杆推进取土法	
	深层抽水降水法	井点抽水降水法、砂井、砂沟排水法	
	基桩加固法	锚杆静压桩边桩承托法	

114

12.2.4 综合深层纠偏法

所谓综合纠偏法是建立在系统成因分析上的辨证施治法。根据以上对本工程倾斜原因的分析，实践证明采用浅层纠偏不能扶正建筑物。以第一次由原设计单位提出的静压桩6m 加固失效，因为加固桩处在地基土沉降区范围。

第二次加固改用长桩（于 1990 年 7 月 6 日加固完毕）采用每轴开间加固三根（桩径180mm，桩长 12m）松木桩加固（注：此次加固是原设计单位根据我院 1990 年 2 月纠偏加固图纸修改的）经沉降观测，本次改用长桩静压承托，沉降有所缓和，但对于大倾斜危房沉降仍在继续下沉时，桩长必须穿过沉降区以下，通常桩长 L 选用 1.0～1.5B（B 建筑物宽度），方能发挥桩基承托作用。

为了及时发挥桩基的承托作用，在倾斜的另一侧（沉降较小侧），采用基底外缘竖向挖孔掏土、排水。应用综合纠偏机理，其具体实施步骤（见图 12-12）：

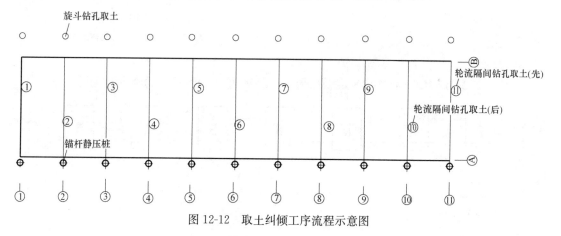

图 12-12 取土纠倾工序流程示意图

（1）在每轴线上施加 $\phi600$ 深 10m 钻孔取土，共设 12 孔采用旋斗式简易机钻取土，并在孔口上部 2m 处设废油筒护壁防止地表土塌落。

（2）在每轴线上，按图示轮流隔间抽水，有意使孔底取土、抽水而造成塌孔，缩径，从而挖去基底下部分土体，达到释放应力与排水固结作用。

（3）根据每次纠偏量，确定每次隔间抽水时间及挖孔次数。

（4）待纠偏达到预定的倾斜量，再进行孔口灌砂做砂井，砂沟排水至集水井，从而恢复与提高原土承载力，并继续扶正余下倾斜量。上述深层综合纠偏法，其作用机理已十分明确，由于本工程采用图 12-11 示的"一顶一放"即在下沉一侧采用基桩顶托，达到缓和倾斜与控制下沉作用。然后在另一侧应用深层竖孔排土、抽水，释放基底应力与排水固结。

由于采用"一顶一放"辨证施治的深层纠偏，该方法纠偏效果显著，具有稳妥可靠的优点。以第一轮钻孔排土、抽水为例，仅三天之内纠倾了 15cm，而房屋完整无损。而且纠偏速率完全可以通过钻孔、排土、抽水的次数与间隔时间去调整而加控制。

以本工程为例，经轮流三次（每次间歇时间，一个月左右），房屋从原来的倾斜量49cm 降至 15cm（其相应的倾斜率由 30‰降至 9‰）。由于 9‰的倾斜率已接近 7‰的危房标准，根据住户对使用与心理要求，倾斜率 9‰时终止钻孔，最后灌砂封口，做砂井、砂沟排水以控制沉降量。

12.3 大面积堆载

12.3.1 工程概况

软土地基大面积堆荷工程设计，是软地基难处理的工程问题。本节介绍一仓库工程（图12-13，图12-14），地基承载力仅有50kPa软地基，要承载150kPa大面积堆载，并带有室内行车，是成功实例。从而提出了相关的工程技术措施及机理分析。

1983年建成，跨度21m，预应力折线形屋架系统，配有起重量为50kN中级行车，轨顶标高10m，仓库柱距为6m，共12开间，合计72m。两侧设有挡土护壁结构。库内堆积磷肥，最大高度达8m，最小高度为4m，平均堆高为6m，相应的堆载强度为72～144kPa，平均堆载强度为108kPa（磷肥重度$\gamma=18$kN/m³）。

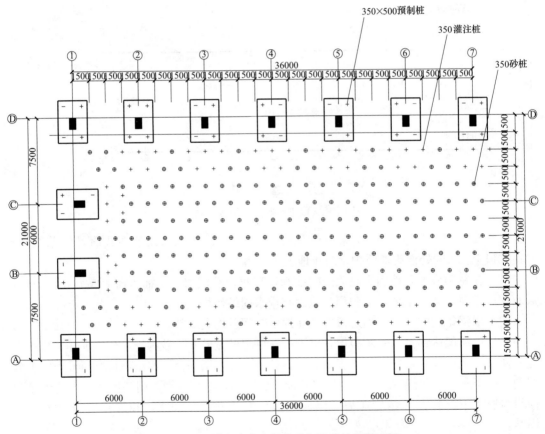

图12-13 磷肥仓库车间基础与地基处理平面图

工程地质剖面如图12-15所示，地表面仅有2.5m左右人工瓦砾土，以下有深20～25m为淤泥土，含水量为65%～75%，埋深25～27m为砾石持力层，所提供的表面地耐力为50kPa。

12.3.2 几种可能破坏机理的分析

本工程堆载面积为21m×72m＝1512m²，设计地面堆载强度为150kPa，而地基承载力仅为50kPa，淤泥层深20～25m，含水量达65%～75%，属典型软土（特软土）地基上

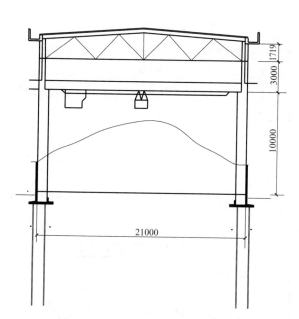

图 12-14　磷肥仓库车间堆载剖面图

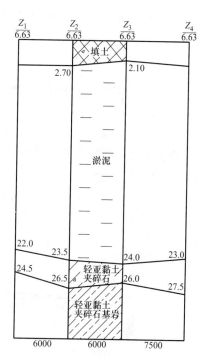

图 12-15　工程地质剖面图

的大面积堆载工程，成功地解决不多见，而在特软土地基上更无先例可鉴。

我们在进行该工程设计时，作了一些类似工程实例的调查，在设计总体构思作了以下的分析，论证了几种可能被破坏的情况。

首先研究大面积堆载时，对设计简图上作了认真的考虑，采用了整体机理分析法，即在计算简图上把屋架、吊车梁、排架柱、堆载、桩基础以及地面以下的地基，视为一整体的结构，然后研究其在大面积超负荷作用下可能出现的种种变形特征，并应用土力学的原理来分析研究其力学特征以及它对结构可能产生的破坏情况，这就是说，首先要作机理分析，归纳起来有如下问题，需要加以注意与研究。

1. 地基稳定性问题

此一稳定性问题，往往容易忽视。如不加以研究与注意，就有可能造成隐患，因为在承载力仅有 50kPa 的软土地基上承受超负荷的大面积堆荷，一旦地基失稳整个工程就会报废。破坏机理分析：由于地面超荷堆载，当地面荷载的堆载速率较快，土体还未达到固结时，就可能发生整体的剪切破坏失稳（图 12-16），此时地基土的抗剪强度指标应选用快剪值。

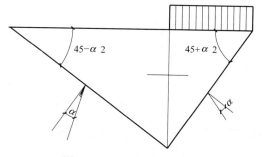

图 12-16　失稳破坏示意图

但是鉴于淤泥土的快剪值很低，通常应控制其堆载的速率，使土内孔隙水给予排除，这种情况土的抗剪指标值应选用高值，可考虑固结快剪值作计算依据。以该地质资料的淤泥土取用固结快剪值 $\varphi = 7°$，$c = 7kPa$，土的重度应选用饱和重度（地下水位高）

$\gamma = 12\text{kN/m}^3$，现根据 BHNNT 公式，取用条形堆载地基极限承载办公式（图 12-16）。

$$q_\text{d} = \gamma b/2(1 - m^4/m^3) + \gamma h(1/m^4) + 2c(1 + m^2/m^3) = 126\text{kPa}$$

$$m = \tan(45 - \varphi/2) = \tan(45 - 7°/2) = 0.885$$

计算结果表明，设计的地基堆载值已达到临界状态，因为平均堆载为 108kPa，最大为 144kPa，而实际上按该设计荷载值已超临界状态。因地基失稳而往往发生在固结之前，在设计时必须予以充分的考虑。可以断定，在仅有 50kPa 承载力的地基上，要解决超载的设置是十分危险的，工程的费用必然昂贵。

2. 地基的变形量问题

软土地基，如图 12-17 所示的计算工况，在超负荷作用下，地基土的变形是严重的。在堆载范围内地面不仅要发生严重下沉，而且还要向堆载以外的土体产生挤压变形，这种挤出变形便是一种力量很大的推力，如果不加以预防，就会发生过量的变形，会危及结构的正常使用以至影响到自身的安全，甚至会倒塌。

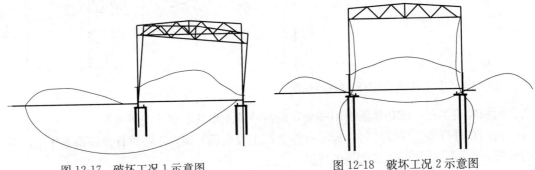

图 12-17　破坏工况 1 示意图　　　　　　图 12-18　破坏工况 2 示意图

从图 12-18 的变形特征可见，随着堆载作用、地面下沉及地基土的侧向挤出变形的发生，作为排架柱的基础必然向内侧转动，随排架柱向内侧发生弯曲，过量的弯曲变形，不仅造成立柱内侧出现裂缝，而且由于立柱形变压迫屋架而造成屋架的开裂以及轨道的卡轨等。

这种破坏不仅在基础设计中要加以预防，而且在排架设计时，必须考虑这一变形特征。同时由于地面的下沉，对桩基础会产生很大负摩擦力，如果采用摩擦桩处理则很危险。

3. 孔隙水的排出及孔隙水压力的消防措施

作为软土地基固有特征，必须研究孔隙水压力产生、增长、消散，并借以研究消防措施，如果孔隙水压力不加以预防，它不仅有削弱土的抗剪性能、加速地基失稳而且还有可

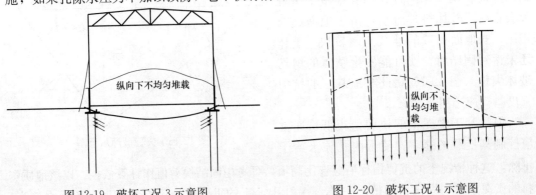

图 12-19　破坏工况 3 示意图　　　　　　图 12-20　破坏工况 4 示意图

能发生如图 12-19 所示情况，对建筑物造成破坏。

图 12-20 所示，当堆载沿长度不均匀分布时，就可能产生不均匀的孔隙水压力造成纵向的破坏。当结构在堆载的作用下，孔隙水不能向中部排走时，这时孔隙水压力力必然向两侧排出，这就可能对基础产生向外顶推，而使建筑物受破损，这一特征，在基础设计时应着重加以研究与解决。

12.3.3　工程技术措施

我们在基础设计采用了综合治理方案。

（1）首先在堆载区域内施打砂桩（或砂井）基础（图 12-1）。

这一做法，一方面用以改造淤泥土的承载力，使之成为复合地基可以提高土的承载力，增强地基的稳定性。砂桩桩径为 320mm，桩长为 10m，桩长确定主要依据于土的稳定平衡时破裂面的深度。

施打砂井又一个很重要的用途是解决在大面积堆载时，随着地面下沉，孔隙水的排出以组织排水通路，把孔隙水压力这一潜在能量有组织地予以释放，并向堆载的中部组织排水，这样就能较有效地克服孔隙水压力对建筑物基础造成的损坏。

（2）在排架柱基下采用了矩形（350mm×500mm）的预制支承桩基础，在每个柱下用四根桩基础组成长形稳定的台座，桩施打至砾石持力层，用以解决负摩擦力问题，由于采用了矩形预制桩，就大大地提高了桩基抗弯性能，如图 12-14 所示。这是由于地面堆载引起土体的侧向压力，这一侧向压力直接作用在桩基上，桩要受弯曲。

（3）为了更有效地防止由于大面积的地面堆载引起对长桩产生的直接侧向土推力，在柱下基础桩外侧施加二排遮帘桩，用以遮挡与保护基础桩，遮帘桩采用由 C35 混凝土灌注桩，桩长 10m，配通长钢筋用以遮挡土推力引起的弯曲变形。

（4）控制堆载速率，使土体能较好地从总应力转为有效应力，即使土体的抗剪强度指标达到固结要求，以保证地基的安全，是一项十分重要手段。

综上所述，在基础设计上我们采用了以防为主的治理方针，把大面积地面堆载引起的各种可能发生的破坏和危及结构安全的各种潜在因素，一一给予恰当的、有分量的、有针对性的预防措施。

该工程从建成投产至 1995 年，历时 13 年，经受了满荷堆载和时间的考验，地面下沉达 40cm（最大值），仍正常使用，建筑物安恙无损[37]。

12.4　围海造地地基、地坪综合处理技术

12.4.1　概述

围海造地，如图 12-21 所示，就是把原本低于海平面的滩涂，经筑堤促淤、吹填海泥、海砂，使之高于海平面变成陆地，然后采取排水固结手段变陆地为开发用地，再采用地基处理变开发地为工业用地。我们把这一变化的全过程工程措施简称为处理技术。

吹填土是由海泥、海砂吹填而成，是一种流动性的、无黏结力、高含水量的回填土，从土力学分析，该吹填土层在未固结前，对原有的下卧淤泥地基是一种外加荷载，并非是土体一部分。因此，该吹填层在桩体设计时，它引发负摩擦力，在地坪设计时，它不能直接用作地坪基层。

　　要使吹填土从自重应力转为体应力让其自然固化、压密，则需要几年，甚至几十年。通常的措施设置排水系统（竖向设置排水版或排水砂井、水平向设置排水沟、形成排水网络）为加速压密排除颗粒孔隙间的自由水与下卧淤泥土的孔隙水，并配合加荷措施。具体方法：

　　（1）当利用大气压力作外载就可采用薄膜隔水层真空负压法。

　　（2）当利用海水作外载荷，在吹填土上设置隔水层：可用塑料薄膜或用淤泥土作隔水层。其原理如同土工试验的排水固结。

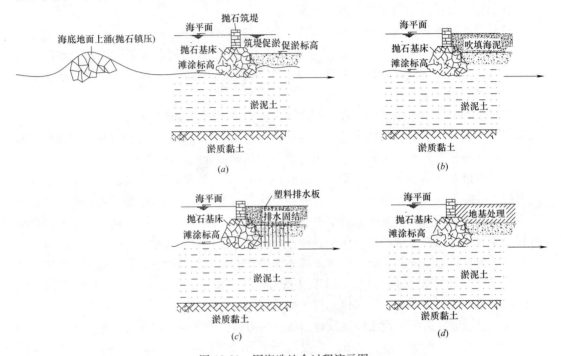

图 12-21　围海造地全过程演示图

（a）筑堤围垦（滩涂促淤）；（b）吹填土回填（吹海泥变陆地）；
（c）排水固化（排除自由水为开发用地）；（d）地基处理（排除孔隙水为工业用地）

12.4.2　工程弊端与隐患

　　围海造地吹填土工程属于大面积堆载，是一项难处理的系统工程问题。延用常规的基础设计与施工手段，会引发以下诸多工程弊端与隐患：

　　（1）基桩（管桩）沉桩时易发生飘移与倾斜，因吹填土不是结构性土层，桩基施工由于上部没有通常软土地基存有硬壳层可以扶持管桩沉桩时作导向。为此，一些施工单位为解决这一问题而采用加厚石渣垫层，不作开挖或少作开挖，虽可避免桩体倾斜，但把桩承台基础直接高位坐落在回填土上。这样做法不仅加大地面堆荷，加大了室内回填土重量使室内地坪后期下陷更严重，同时，它破坏了园区规划地面高程与下水道排水系统；而且，削减了基桩的承载力，增加工程投资，是不可取的做法。

　　（2）常规设计的桩承台，一般是由数根桩组成群桩承台，沉桩时，严重的群桩挤土危及基桩倾斜。开挖时，承台在上部流动状的吹填土在堆荷石渣土层作用下挤动基坑发生桩体移位与倾斜，直接减少了单桩承载力。

　　（3）厂房室内地坪沉陷，因为在车间荷载和吹填土的自重作用下，已超过原有下卧淤泥土的承载力。这就导致工程竣工后地坪严重下沉，使室内地坪形成锅状下陷、开裂，严重影响厂房的使用。如不作地坪处理，在工程使用中存在隐患，其后期进行处理难度更大，费用更高。

12.4.3　处理技术及设计理念

从分析吹填土的性状出发，如图 12-22 所示，实质桩基础不是常规概念的低桩基承台，因为桩的上部没有土体包裹，而是可流动的吹填土，其自由深度达 3～5m 之多，桩体仅依靠下卧层淤泥土作扶持，其承台性质已属港湾码头的高桩承台。如按低桩承台施工，自然就有上述诸多的工程隐患与弊端。

针对上述工程的弊端，本处理技术集"地基处理与结构措施"为一体，按三项专利技术作依托，构筑了"围海造地地基、地坪综合处理技术"。

1. 刚-柔性复合桩基

基础设计是根据刚性桩与柔性水泥搅拌桩共同工作为基点，以刚性桩作控制沉降，以水泥搅拌桩加固桩间吹填土作刚性桩沉桩的扶持及承载力补偿，构筑刚-柔相济的基础处理。

采用这一复合桩基作基础处理，其原理如同"筷子与稀饭"关系。把吹填土（稀饭）经水泥搅拌桩搅拌后成为一个硬壳层（干饭）然后施打管桩（筷子），此时，可防止管桩沉管桩飘移与基坑开挖引起管桩倾斜。

由于采用了刚-柔性复合桩基技术，减少了承台下管桩（刚性桩）数量，从而减少沉桩时的群桩效应，缓和淤泥土的塑性破坏，同时采用了水泥搅拌桩（柔性桩）加固吹填土，此时，桩承台工作如同常规的低桩承台。

2. 倒筏板混凝土地坪

本专利技术是采用网格地坪，把大面积地坪通过网格分成小范围地坪。然后在其网格正交肋梁节点施加刚性桩（或为原有桩承台），其网格地坪梁为原承台间的联系地梁。由底部上升至柱间室内地坪标高，用作倒筏板地坪肋梁。

然后采作常规手法作地坪处理，与原有常规的室内混凝土地坪（配置网筋）整浇一起，构成了倒肋筏板地坪。在网格中部的吹填土采用水泥搅拌桩加固地坪基层，见图 12-18。此倒筏板地坪实质是一个倒置的筏板基础，它不仅能一次性解决了地坪的下陷、开裂。同时又起着对复合桩基的补偿作用，达到"一筏二用"。提高了基础、结构的承载力与沉降的安全度，其功能效益：

（1）利用倒筏地梁，由于侧壁对块石、片石等回填料起着阻力作用（即格栅效应），有效防止地坪基层下陷。

（2）当建筑物基础下沉时，对倒肋筏板地坪处在张拉状态，板面犹如壳体，同时又起着承托上部荷载的辅助作用，提高了建筑物承载力与控制沉降安全度。

（3）当板下的回填土、吹填土数年后由次固结转为完全固结，成为土体一部分，此时可能与板壳脱开。进入维修，可在板面钻孔压力注浆充填，此方法不影响生产与破坏原有地坪。

3. 刚-柔复合挤扩桩

由于吹填土是流塑状，沉桩时没有起着扶持与导向作用。如采用本专利技术用大直径搅拌桩先对地基进行加固，然后在其中内插刚性的预制管桩，这样形成了上大下小的变断面桩体，不仅提高了单桩承载力，同时可有效防止沉桩的倾斜与基坑开挖时桩体的移位。

但实施这一挤扩桩需要有专用的打桩机，并具有能施工水泥搅拌桩与预制管桩的沉管双重功能。

12.4.4 工程案例

【工程实例1】 浙江埃菲生能源科技有限公司新厂区基础工程与地基处理

该工程勘察报告揭示，场区属冲海积平原，地表地基土为填土与冲填土，其特征：

(1) 全场分布，结构疏松，为人工堆积填土，厚度约 0.40～1.40。

(2) 全场分布，人工吹填土，高压缩性、局部流塑状，远未固结，厚度 1.60～2.90m。

(3) 全场分布，含细砂淤泥、淤泥土、厚度 23～28m，至淤泥质黏土，粉质黏土、埋深 57.50～59.60m，厚度 3.00～8.30m（未揭穿）。

由于海涂围垦造地，地基土虽经真空预压处理，但远未达到稳定与固结，由于地面的吹填土回填堆载（以平均等 2.2m 计算，相当地面堆载达 5t）与投产使用荷载（每平方米为 1.5t），合计 6.5t 作用下，不可避免对基础与地坪引发下陷。主要表现有：

(1) 深厚软弱土（23～28m）的排水固结压密沉陷。

(2) 吹填土范围（1.6～2.9m）内次固结沉陷。

(3) 上部回填石渣、片石范围（0.40～1.40m）孔隙的压密沉陷。

针对上述状况的分析，结合在该丁山园区污水处理工程采用的"刚-柔性复合桩基"实践（见 9-2 节【工程实例8】），对此作了相关工程对策。并采用图 12-22 所示工程措施，对该项工程作综合基础，地坪处理技术（图 12-23、12-24）。

该项技术主要特点是我们把原有设在承台底的联系地梁由底部上升到至室内地坪标高，用作倒筏板地坪肋梁，并与原有室内地坪整浇一起，配置地坪网筋，构成了倒筏板地坪，由于利用了承台原有联系地梁，可省去部分地坪筏板肋梁。

倒筏板混凝土地坪技术是一项系统工程，为保证实施效果，必须按以下结构图（图12-22）实施，其施工工序对照 A-A 剖面实施：

(1) 第一次回填用于平整场地，三通一平，要求平整，回填厚度 500～700mm 经压路机压密，保证锤击打桩机及水泥搅拌桩机进场安全施工。

(2) 第二次回填土，基础桩承台与场区水泥搅拌桩已完工，框架柱浇注到梁肋底，立柱高 1000mm，与梁肋联结处预留洞（封口），回填土应分层夯实至梁肋底，采用压路机压密，厚度约 800mm，在梁底范围内击实夯实，上做 C10 厚 100 素混凝土垫层，然后立模至地坪。

(3) 梁肋与框架柱整浇，形成正交网状格栅，图中分区地坪周边肋梁浇至地坪，与地坪板连结处预埋插筋在正交格栅内进行第三次回填，要求配合机具设置备分层夯实，挤扩回填土至地坪下。

(4) 地坪浇筑前，对回填土作找平前夯实挤扩让其自然与人工熟化，至房屋竣工前浇筑。地坪板上下主筋通过梁肋顶，分区周边板的上下主筋与肋梁周边侧面预埋筋焊接整浇。肋梁与地坪面混凝土整浇时，按二次浇注要求的技术处理。

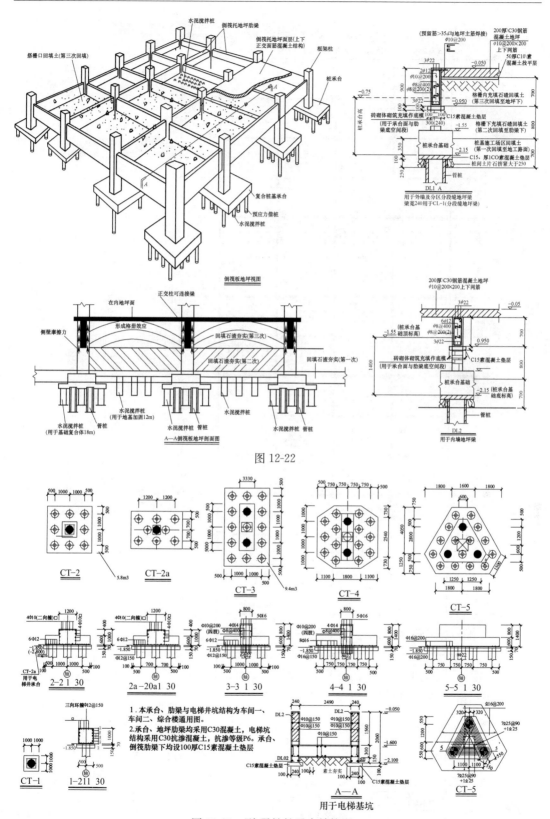

图 12-22

图 12-23　刚-柔性桩承台结构图

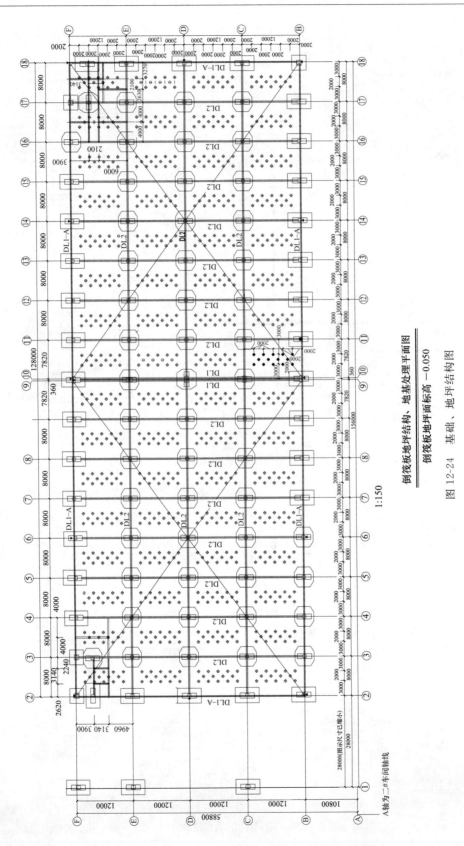

倒筏板地坪结构、地基处理平面图

倒筏板低坪面标高 −0.050

图 12-24 基础、地坪结构图

【工程实例 2】　浙江贝尔控制阀门有限公司 1 号车间地坪设计

该工程坐落在浙江瑞安滨江开发区为围海造地工程，吹填土达 2m，下为深厚的淤泥、黏土软弱地基，现有场地标高平均为 4.5；建成后室内地坪标高 5.5 约需回填土 10m；相当地面荷载 2.0t/m²。

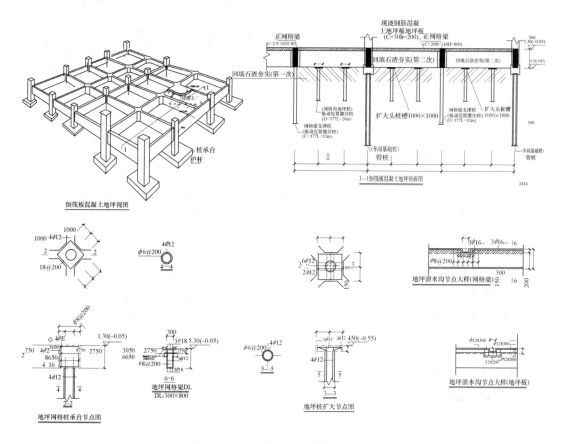

图 12-25　基础、地坪结构图视图

说明：

（1）桩承台地梁由承台底上移到室内地坪面，并按图示增设地坪梁构成网格地坪。

（2）增加柱间联系梁与原承台梁与立柱整浇，低于地坪 250（地坪板厚 200mm、面层找平 50mm）

（3）网格地坪肋梁交点处设一控沉桩：预应力管桩、桩径 500mm、桩长 32m。

（4）每网格地坪中点设置一根控沉桩：预应力管桩、桩径 500mm、桩长 20m。桩头按图示做扩大头，用于承托地面荷载传递。

（5）格栅内采用石渣、片石分层夯实回填、挤扩侧壁产生擦力，防止回填土下滑并形成拱体效应。

（6）待回填土压实后经熟化压密，期间采用冲水灌砂使至密实度到 0.95 以上，等待结顶竣工前与地坪肋梁整体浇注。

（7）本工程基础肋梁采用 C30、承下均设 C10 厚 100 素混凝土垫层，混凝土地坪 C30 厚 200mm，配上下 $\phi10@200\times200$。

单层有行车作业，建筑面积 8870m²（87m×102m）。车间地坪设备荷载取每平方米按 1.5t/m²，根据上述回填土荷载与车间使用荷载二部分合计约 3.5t/m²，如果车间地坪不加处理，让其自然沉降，不仅终止沉降量大、历时长，以至年年沉年年修；直接影响使用。采用上述图 12-22 所示工程措施，对该项目作综合地坪处理（图 12-25、图 12-26），有关计算详见参考文献[73]。

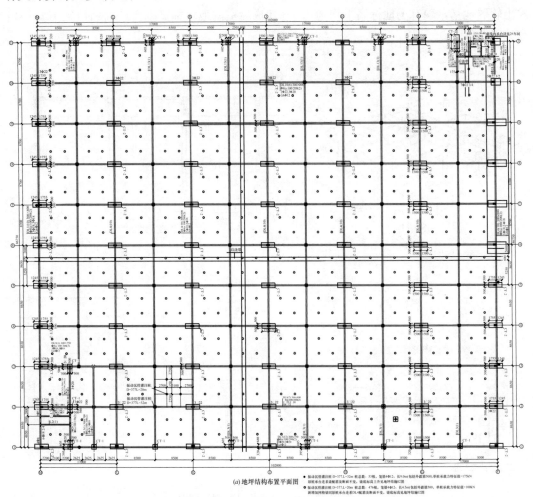

(a) 地坪结构布置平面图

● 振动沉管灌注桩（D=377,L=32m 桩总数：53根，笼筋4φ12、长9.0m包括外露筋500，单桩承载力特征值=175kN 原桩承台系梁配筋及断面不变，梁底标高上升见地坪结施02图

○ 振动沉管灌注桩（D=377,L=20m 桩总数：476根，笼筋4φ12、长4.5m包括外露筋500，单桩承载力特征值=100kN 新增加网格梁同原桩承台连系DL4配筋及断面不变，梁底标高见地坪结施02图

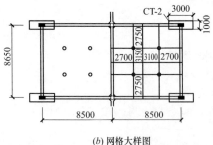

(b) 网格大样图

符号	桩型	桩径 (mm)	桩长 (m)	桩总数 (根)	承载力特征值 (kN)	笼筋 (数量、筋长)
●	振动沉管灌注桩	377	32m	53根	175	4φ12、长9.0m
○	振动沉管灌注桩	377	20m	476根	100	4φ12、长4.5m

原桩承台连系梁DL-1配筋及断面不变，梁底标高上升见地坪结施02图

新增加网格梁DL2同原桩承台连系DL1配筋及断面不变，梁底标高见地坪结施02图

注：本工程施工时改用管桩

图 12-26　地坪结构图

第 13 章　创新工程技术的应用

13.1　预制 X 形异型桩

13.1.1　概况

近年来由于充气囊的应用，使实心方桩变为空心方桩。以 500×500、内孔 $\phi 300$ 空心桩为例，它比相应实心桩可节约 30％混凝土量（表 13-1）。但由于空心桩的挤土效应大，直接限制了推广应用。

有人把闭口空心桩改为开口空心桩，意图使地基土挤入桩心减少挤土效应。但由于桩的土塞，土进入桩心部分是有限的，所以开口空心桩只是局部改善挤土效应。

本异形桩（图 13-1）已获中国专利，是把开口空心桩的空心圆朝外侧作，便变成了 X 形状的异形桩。从表 13-1 分析可见，X 形异型桩具有高承载力（与相应的空心方桩相比提高 17％的周边面积）与低挤土效应（与相应实方桩相比单位承载力的挤土量仅为实心方桩的 0.61 倍）；同时，制桩工艺可以在现场成批工业化生

图 13-1　X 形异型桩配筋剖面图

产与堆放，在温州旧城改造得以推广应用（图 13-2），尤其适用于深厚软土地基的高层与多层建筑物，当桩基以摩擦力为主的更显其优越。

技术经济指标　　　　　　　　　　　　　　　　　　　　表 13-1

桩型	实心方桩	空心方桩	X 形方桩
示意图	500 × 500	500 × 500（300）	500 × 500 —150
断面净面积（m²）	0.25	0.179	0.179
面积比	1.0	0.717	0.717
周长（m）	2.0	2.0	2.34
单方混凝土周长比	1.0	1.40	1.65
周长比	1.0	1.0	1.17
单位承载力挤土量比	1.0	0.91＊	0.61

＊按桩长 1/3 进入圆孔计算。

13.1.2　制桩工艺及施工方法

异形桩制作方法如图 13-2 所示，按以下步骤制作：

（1）先按设计要求作异型桩钢筋笼。

（2）按制作好的钢筋笼置入钢模或木模。

（3）浇注混凝土，达到终凝后脱模，再放入异型钢筋笼，然后在钢筋笼与成型的半圆形内放入胶囊，并充气成模，构成圆形充气模。

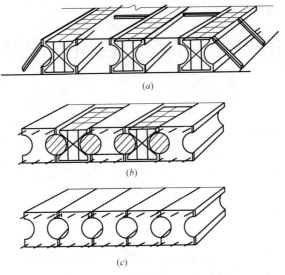

图 13-2　X 异型桩制作工艺流程图

13.1.3　有关问题讨论

（1）桩的承载力确定

从表 13-1 可见，X 异型桩比一般等断面方桩增加 17％面积，下面提供温州医学院教学楼三根异型桩的 PDA 大应变动测资料见表 13-2。

表 13-3 为 2 号桩承载力计算值，桩长 36m，桩端进入淤质黏土含砾石 2 层。承载力计算值 825kN（已计入 17％承载力增值）与对应 2 号桩实测值 896kN。作相比两者基本吻合。可以说明 X 异型桩承载力按 17％增值作计算；考虑半圆内应力有重叠折减取用 15％增值为合理、安全。

表 13-2

桩号	单桩极限承载力 R(kN)	单桩承载力特征值 R_a(kN)
1 号	1670	836
2 号	1790	896
3 号	1990	894

表 13-3

土名	层厚(m)	Q(kPa)	Q(kPa)	单桩承载力计算(kN)
黏土	1.4	12		
淤泥 1	14.2	5		
淤泥 2	9.3	7		82
淤质黏土	8.5	12		
淤质黏土含砾石 1	2.6	20		
淤质黏土含砾石 2			600	

（2）桩的断面刚度

由于 X 异型桩两个方向的刚度不同，在桩位布置时宜把异型桩主轴和框架结构受力方向一致。

13.1.4　X 异型桩构造设计图

当预制桩超过 15～20m 时应分段制作，节数不宜超过 3 节，有关构造详图见图 13-3。

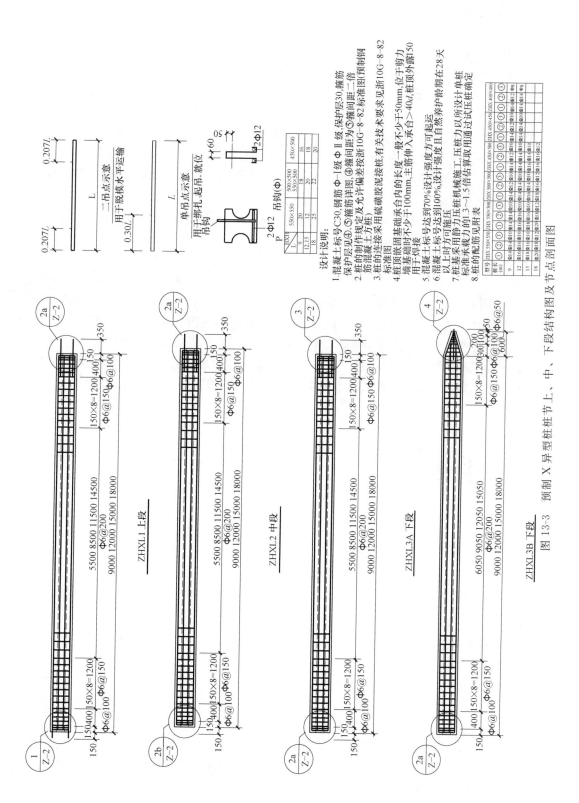

图 13-3　预制 X 异型桩节上、中、下段结构图及节点剖面图

129

13.2 预制排渣桩

13.2.1 概况

图 13-4 所示的预制排渣桩头，有可清除与收集钻孔灌注桩成孔成桩时，由孔壁坠落泥片、清渣后残留的泥浆以及下钢筋笼孔壁坠落碎渣等，其功能可发挥桩端承载力。

在软土地基，按规范设计要求采用泥浆护壁机械钻孔灌注桩，孔底沉渣不大于 5cm；对直接取土的简易机械钻孔灌注桩孔底沉渣限于 10cm 以内。事实上，要达到上述控制指标是很困难的，可以说是"看不见、摸不着"。尤其是下钢筋笼时，孔壁坠落的碎渣及泥浆残留的沉渣是无法清除的。

桩基以端承力为主，能对钻孔灌注桩的孔底沉渣进行清除处理，以发挥与利用桩端承载力、减少沉降与降低成本为目的是工程的实际需要。

13.2.2 预制排渣桩头简介

方案一，A 型桩头，为内排内储渣型，其特征是一个圆柱型钢筋混凝土底座 1 与圆柱内空间为一倒圆锥形储渣斗 2 组成。孔底沉渣从圆柱体底座圆孔 3 进入储渣斗，孔壁坠落碎渣直接从圆柱体上口落入储渣斗 2，圆柱顶面外周外露钢笼筋 4 与灌注桩整浇。

方案二，B 型桩头为外排外储渣型，其特征是一个带有钢筋混凝土蕊棒的正多边形柱体的底盘 1 与蕊棒的外区为储渣斗 2 组成。孔底沉渣从多边形与钻孔外接圆的空隙 3 进入储渣区，孔壁坠落的碎渣直接落入储渣区 2，蕊棒顶外露笼筋 4 与灌注桩整浇。

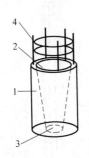

图 13-4 A 型桩头
1—圆柱型底盘；2—倒锥型储渣斗；
3—进渣口；4—龙筋

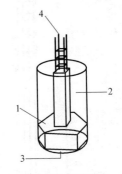

图 13-5 B 型桩头
1—带蕊棒多边形底盘；2—储渣区；
3—进渣口；4—龙筋

13.2.3 工程应用与实施工法

温州某鞋厂基础工程，六层框架结构，基础平面见第 9.2 节【工程实例 4】，采用"刚-柔性复合桩基"，其中刚性桩采用振动沉管灌注桩，桩径 377mm、桩长 36m 桩端持力层细砂④。该工程基桩施工到一半时⑯轴，由于振动沉管挤土效应严重，对近邻建筑物造成损坏，被迫停工。

后施工方要求改用非挤土桩施工，采用直接取土的简易钻孔桩。但由于钻孔桩孔底沉渣无法清除干净，而已施工的沉管灌注桩桩端直接挤入细砂持力层。因此，基桩的差异沉降变形大、随机性大。而且，该建筑物形体又属七字形对沉降控制要求较高。所以要求钻孔灌注桩桩端支承在细砂持力层上，才能保证与原有已施工的沉管灌注桩达到沉降协调作用。

我们首次设计 B 型排渣桩头，处理了钻孔桩孔底沉渣，以使钻孔桩桩端座落在持力层④才能使沉管灌注桩达到相同效果。该工程竣工沉降实测结果是十分理想，平均沉降为 20mm 差异沉降少于 5mm，并通过对比静荷载试验，证明该项应用技术是可行，能够有效处理孔底沉渣的技术方案。

该排渣桩头实施工法：在钻孔桩清孔后浇灌水下混凝土时，把预先制作好的"排渣桩头"用吊勾沉放到清孔后孔底，随着桩头下沉重力及冲灌混凝土的冲力作用下，孔底沉渣从漏斗底座挤入储渣斗。

在下钢筋笼时，孔壁坠落碎渣及浮悬泥浆沉渣从漏斗上口落入储渣斗，在钻孔桩水下灌注混凝土时与桩头漏斗壁的预埋筋整浇一起，便构成带有桩头的钻孔灌注桩。

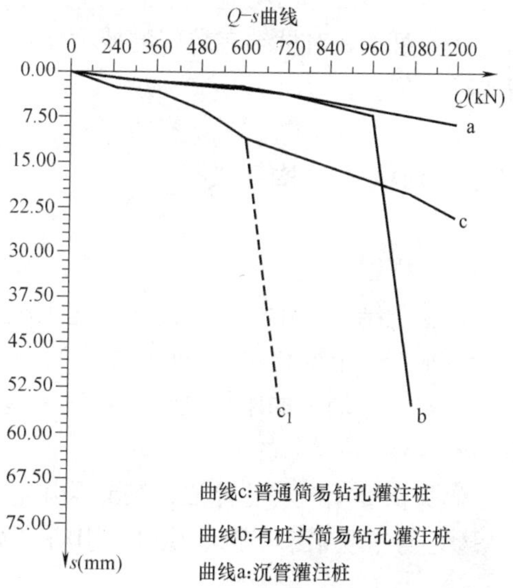

曲线c:普通简易钻孔灌注桩
曲线b:有桩头简易钻孔灌注桩
曲线a:沉管灌注桩

图 13-6 荷载试验曲线图

13.2.4 静载荷对比试验

图 13-6 为静载荷试桩曲线对比图，其中曲线 a 为沉管灌注桩，曲线 b 为带有桩头钻孔灌注桩，曲线 c 为普通简易钻孔灌注桩。有关地质资料及承载力技术特征见表 13-4。

表 13-4

土层		桩周极限承载力(kN)		
层厚	名称	振动沉管灌注桩	有桩头简易机械钻孔灌注桩	简易机械钻孔灌注桩
1.0	黏土	25	22	22
14	淤泥1	10	9	9
4.0	细砂	40	32	32
桩周极限承载力(kN)(桩端进入细砂层1.5m)		754	677	677
桩端极限承载力(kN)(桩端土极限承载力1200kN)		$0.196 \times 1200 = 235$	$0.35 \times 0.35 \times 1200 = 147$	
计算单桩极限承载力(kN)		990	824	677
验桩确定单桩承限承载力(kN)		1200 曲线a	960(1050)号 曲线b	677～曲线c

（1）比较曲线 a 与 b：带有预制排渣桩头的机械钻孔灌注桩，桩端承载力发挥程度与振动沉管灌注桩达到同步的效果，二组曲线相当吻合。但曲线 b 由于采用 B 型桩头，底座面积 0.12m²，仅为振动沉管灌注桩（桩径 500）面积 0.625 倍。所以在荷载 960kN 时，出现拐点桩头刺入持力层。

如果改用 A 型桩头，此时，桩端承载力应为全面积计算，桩端承载力与振动沉管灌注桩达到同步效果。

（2）比较试桩曲线 a 与 c：简易机械钻孔桩曲线 c 明显偏离曲线 a，两曲线偏离甚远，简易机械钻孔桩沉降变形大，表明桩底沉渣压缩变形量大。从试桩曲线 c 表明简易机械钻孔桩沉渣压缩后，桩端承载力仍可以继续发挥；但由于孔底沉渣量随机变化大，曲线虽然没有出现陡坡刺入变形，当单桩承载力以桩顶变位控制时，承载力特征值仅取用 677kN 此时，基桩的沉降已明显大于曲线 b。

从上可见，对桩端有较好的持力层可利用时，采用此排渣桩头能提高单桩承载力，节省工程造价。

13.3　刚构式结构码头

13.3.1　概述

该新型结构应用于南京港区扩建工程，建于 1972 年岸线长为 48m，港区位于长江中下游，水位季节变化幅度（6m 左右）。在河港上修建桩式码头时，通常采用框架式结构（图 13-8）。本新型的刚构式结构对比常规的框架结构具有施工水位高、结构简单、造价低廉等优点。

码头供 2 千吨货轮停泊，装卸采用起重量 3 吨移动式吊桥、载重车与铲车，面上堆载 15kPa，与岸联系采用钢筋混凝土引桥（宽 8m）。

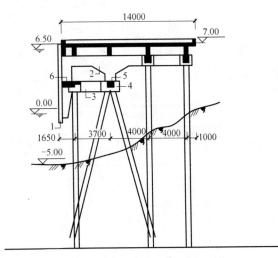

图 13-7　刚架混合式码头结构剖面图
1—靠船牛腿；2—扩大支腿；3—下层横梁；
4—节点；5—纵向连系杆；6—下层平台板

13.3.2　码头结构剖面图

该新型码头结构形式在前沿为靠船部分，采用单口闭合刚架，其刚架的基桩为预制预应力空心方桩，由一直桩与一对义桩组成；在刚架的下部设一下悬牛腿，用作低水位时船船的挤靠。

在刚架后部为梁式桩承台，由 2 根预应力空心管桩组成柔性承台相连接。

上述码头结构刚架后节点设有一组叉桩，直接加强桩台的抗水平力的整体性及刚度，这种形式是一种新型结构，不同于常规框架结构、梁板式结构，我们称它为"刚构式码头"。其中靠船牛腿、纵向

联系杆、下层平台板及上部板架，为预制安装构件。

13.3.3　刚构码头结构优点

由于结构上采取了如上措施，使之：

1. 节点数目比框架式有很大减少，节点形式比框架式简单，从而提高了节点的施工水位。

2. 上部构造及造型简化，不需要框架那样设置交叉杆件，只是在交叉桩组节点位置设一扩大支腿。

3. 在结构的后部，仍保持梁式结构的特点。

以上可见，这种形式比框架式更进了一步。施工实践证明，它有如上所述的优点，尤其对施工水位条件要求降低，这对河港码头建造有着重要作用。结构的整体性与刚度，从使用情况表明已满足工程要求。此外横向排架工程造价及工程量比框架结构节省 20％左右（不包括桩基部分）。

框架结构具有较大的横向刚度，用以保证在水位变幅范围内，抵抗船舶的挤靠与撞击。因此，它一直为河港码头采用。但

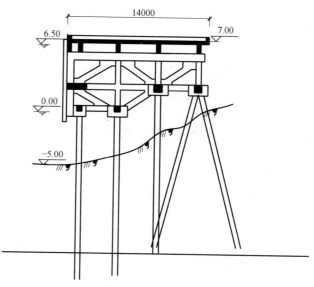

图 13-8　框架式码头结构剖面图

此类结构存在着严重的缺陷，主要是：杆件繁多、节点多、施工困难。但框架结构具有独特的刚度，在水位变化较大的情况下，例如在水位差 8m 左右的河流的中上游河段上，框架式仍被优先采用。

第14章 创新计算技术应用

14.1 石砌圆形结构贮液池理论计算

14.1.1 概述

石结构贮液池图 14-1，它不同于一般钢筋混凝土贮液池，因为：

（1）石砌断面尺寸远较钢筋混凝土结构大。

（2）墙身常砌成上小下大的梯形变截面形式。

（3）墙身上、中、下分别设置钢筋混凝土圈梁。

由于上述三个特点，因此，一般文献介绍的水池计算就无法采用。最大的环张力是发生在池顶还是池底不得其解，作者应用弹性地基基础梁的热莫契金连杆法成功解决这一计算难题。

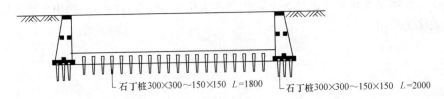

石丁桩300×300～150×150 L=1800   石丁桩300×300～150×150 L=2000

图 14-1 石结构贮液池剖面图

14.1.2 基本原理

圆形贮液池在外荷载（池内液压水，池外土压力）作用下，对于开口圆形池不论是钢筋混凝土结构还是石结构，池壁除产生水平向的环张力外，还同时沿池壁铅直方向发生弯曲。因此，一般均把池壁，视为由许多条铅直向梁与许多条水平向环组成的统一体共同工作。对于图 14-1 所示的石砌圆形贮液池，就可将于铅直向的梁（即石砌墙身变截面梁）视为支承在弹性地基（即水平向变厚度石砌圆环与三道钢筋混凝土圈梁）上基础梁进行计算。

14.1.3 计算简图及基本方程式建立：

实质上，亦可视为在具有变化的基床系数的弹性地基上变截面的短梁问题，对于这一基础梁问题，涉及数学上的困难。现我们应用热莫契金连杆法原理，拟用图 14-2 所示的计算图式，把这一复杂的基础梁转化成弹性支承上的连续梁计算。即在梁底与基础间虚设若干根连杆，连杆数目，取决于计算精度，现假设有：

（1）6 根地基连杆（沿梁轴等分布置）；

（2）2 根圈梁连杆（设在圈梁处）；

（3）1 根约束连杆（设在支座处）；

（1）根据连杆变位的 $\Delta_i = 0$ 条件，共可列出 6 个连杆法方程式：

$$
\text{I}\begin{cases}
\Delta_0=0;\delta_{00}x_0+\delta_{01}x_1+\delta_{02}x_2+\delta_{03}x_3+\delta_{04}x_4+\delta_{05}\,x_5+y_0-a_0 0-\Delta_0 P=0 \\
\Delta_1=0;\delta_{10}x_0+\delta_{11}x_1+\delta_{12}x_2+\delta_{13}x_3+\delta_{14}x_4+\delta_{15}x_5+y_0-a_1 0-\Delta_1 P=0 \\
\Delta_3=0;\delta_{30}x_0+\delta_{31}x_1+\delta_{32}x_2+\delta_{33}x_2+\delta_{34}x_4+\delta_{35}x_5+y_0-a_3 0-\Delta_3 P=0 \\
\Delta_4=0;\delta_{40}x_0+\delta_{41}x_1+\delta_{42}x_2+\delta_{43}x_3+\delta_{44}x_4+\delta_{45}x_5+y_0-a_4 0-\Delta_4 P=0 \\
\Delta_5=0;\delta_{50}x_0+\delta_{51}x_1+\delta_{52}x_2+\delta_{53}x_3+\delta_{54}x_4+\delta_{55}x_5+y_0-a_5 0-\Delta_5 P=0
\end{cases} \tag{14-1}
$$

（2）根据平衡条件可列出 2 个平衡方程式

$$
\text{II}\begin{cases}
\sum X_i=0 & x_0+x_1+x_2+x_3+x_4+x_5+Q_0-\sum P_i=0 \\
\sum M_{0i}=0 & a_0x_0+a_0x_1+a_0x_2+a_0x_3+a_0x_4+a_0x_5+M_0-\sum M_0 P_i=0
\end{cases} \tag{14-2}
$$

（3）根据池壁下端连接工作条件，按端约束无位移铰支计算条件得：

$y_0=0$；$M_0=0$（如为固端无位移工作则 $y_0=0$；$\varphi_0=0$）

以上共有六个未知反力 X_i 与一个端约束剪力 Q_0 及一个初始转角 φ，共可建立 8 个方程式，按高斯列表法计算，便能方便解得各支承连杆反力 X_i 及剪力 Q_0（具体运算略，详见文献[41]）。

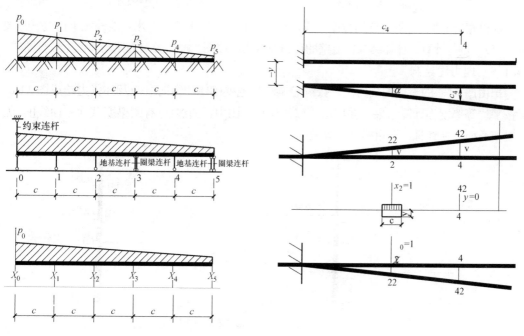

图 14-2　池壁计算

（a）计算简图；（b）计算系数

14.1.4　算例

图 14-3 所示为一圆形水池池壁由块石砌筑，C20 毛块石、C10 砂浆砌筑，墙顶宽为 600mm，墙底宽为 1400mm，墙高 H 为 3600mm，圆形池壁内径 $R=11.46$m，墙顶圈梁截面 300×600（mm）（配 8ϕ16 筋）中圈梁分内外布置截面分别为 300×300（mm）（配 4ϕ16 筋），圈梁混凝土 C15，底圈梁为倒 T 形截面，凸齿为 250×300（mm），翼缘底板为 200×1600（mm），底板下以石钉桩加固，池壁底与底板凸齿成铰支连接工作。试计算池壁内力及其强度验算。

已知：弹性模量：$E_{钢}=210$MPa，$E_{混凝土}=23$MPa，$E_{石}=26$MPa，$\gamma_{石}=21$kN/m³（砌体重度）。

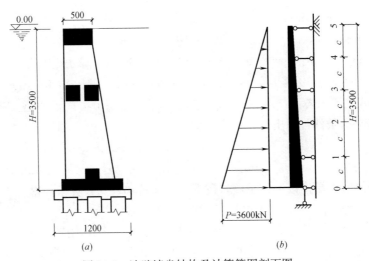

图 14-3 池壁墙身结构及计算简图剖面图

（a）池壁墙身剖面图 （b）池壁墙身计算简图（池内有水、池外无土）

取单宽 1m 进行计算，全高分设 5 段，$c=0.73m$，现以水池内有水，池外无土情况（见图 14-3（b））进行计算。计算结果：池壁的反力及合力绘成图 14-4，分有圈梁与无圈梁二种图式。

14.1.5 内力图绘制

把由图 14-4 的池壁的反力图，按静定梁求出池壁砌体的纵向弯矩及环张力绘成图 14-5。又按平均等厚度面计算结果一并绘出，以便比较。图中：曲线Ⅰ—有圈梁变截面；曲线Ⅱ—无圈梁变截面；曲线Ⅲ—无圈梁平均等截面。

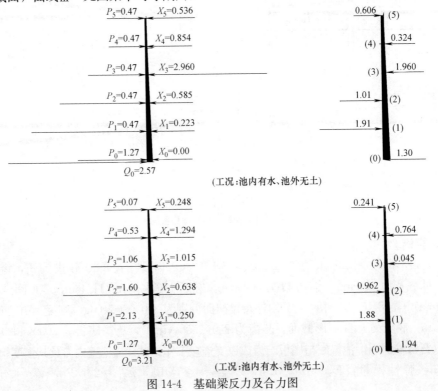

（工况：池内有水、池外无土）

（工况：池内有水、池外无土）

图 14-4 基础梁反力及合力图

（a）有圈梁；（b）无圈梁

136

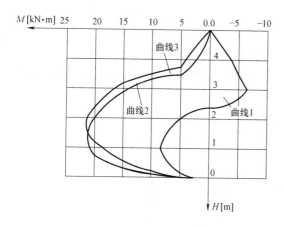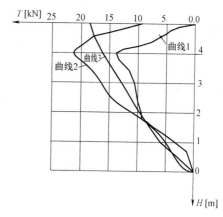

图 14-5　池壁墙身内力分布图

曲线 1—有圈梁；曲线 2—无圈梁；曲线 3—无圈梁（等截面）

（1）本节介绍简化方法属精确解答，详见文献 [51]，其精度取决于连杆数目。

（2）从较计算结果比，证明水池池壁最大的环张力不发生在池顶，而在 4 号位置左右，中圈梁设置应在总高（0.5~0.7）H 为宜。

14.2　弹性地基短梁内力求解

14.2.1　概述

港湾工程船台、滑道轨道基础梁，一般均坐落在较厚的碎石垫层道渣作基床，此时基础梁的工作特性近似于在文克尔假定下的弹性地基梁。对其长梁计算，已有现成表格可查。但对其短梁则需要计算，有初参数法、叠加法、截面法以及二航局科研所提出的简化法等，分析这些方法仍感到：

（1）计算工作还不够简明方便；

（2）对特种短梁（变截面、带刚性端的及倒拱之类）还未有满意解答；

（3）简化法计算仍有它的局限性。

14.2.2　求解内力捷径

基于文克尔假定应用热莫契金连杆法的原理，借助现成图表，不需求解方程组的一种实用设计法。

（1）虚设若干连杆（一般 5~7 根），间距为 d，设置在梁与地基之间（图 14-6），将基础梁的计算转化为弹性支承连续梁问题。

（2）支承点的刚性系数对其每根连杆，由于杆距 d 为常数，则每根连杆的刚性系数亦为常数，根据文克尔假定，此时连杆的刚性系数 ω 表示如下：

$$\omega = k \cdot d \cdot b \tag{14-3}$$

式中　k——基床系数；

　　　d——连杆间距；

　　　b——梁的宽度。

（3）当梁为等截面时，此时，梁的弹性传递系数

$$\alpha = \omega d / 6EJ$$

式中　EJ——梁的材料弹性模量及梁的截面惯性矩，其余符号同上。

（4）算得 α 后，再查用弹性支承规则梁的现成图表[52]求算内力，摘引如下：

如图 14-6 所示，由于在支点上置集中荷重 $p=1$，而引起另一支点上的反力 R，利用下式计算：

$$R^P = 1/D(A_{0n} + A_{1n}\alpha + A_{1n}\alpha^2 \cdots \cdots + A_{(m-1)}\alpha^{n-1}) \qquad (14-4)$$

由于作用于端点（0 点）的弯矩 $M=1$ 而引起支点 n 的反力：

$$R^m = 1/D(B_0 + B_1\alpha + B_2\alpha^{22} \cdots \cdots + B_{(m-1)}\alpha^{n-1}) \qquad (14-5)$$

且

$$D = (C_0 + C_1\alpha + C_2\alpha^{22} \cdots \cdots + C_{(m-1)}\alpha^{n-1}) \qquad (14-6)$$

式中　d——连杆间距；

m——梁的跨数；

A、B、C 与跨数和荷重的支点位置有关的系数（参见文献[52]附表）。

利用上述公式，直接查得各连杆反力，并予以叠加即为所求的各杆反力，再由各连杆反力除以杆距 d，即为所求各区段基础梁

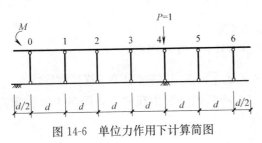

图 14-6　单位力作用下计算简图

的地基反力。

在求得各连杆反力之后，再由力的平衡条件，就方便地计算各截面的内力 M、Q 值。

14.2.3　算例

设有等截面基础梁，长 800cm、宽 160cm，高 100Cm，计算图如图 14-7 所示。材料弹性模量 $E=191$MPa；基床系数 $k=100$kN/m³；试求基础梁、3 号、4 号处地基反力。（注：当单位弯矩 $M=1$，作用任意支点 r 时，仍可以绘制相应图表求算 n 支点反力 R 值）

将图 14-7 虚设 7 根连杆，并作等距离 d 布置，$d=L/7=8/7=1.14$m；连杆的刚性系数 $\omega=b \cdot d \cdot k=1.60 \times 1.14 \times 1000=182$kN/m；梁的断面惯性矩 $J=0.1333$m⁴；梁的弹性传递系数 $\alpha=0.00177$；荷重按杠杆原理分配到相应支点上，见图 14-7。

现按文献[52]图表查用六跨弹性规则梁的支点反力感应线，有关计算系数计算（略）。

为说明本方法的计算精度，现把应用初参数法计算结果一并列入表 14-1。

通过比较，证明本方法概念简明，易于掌

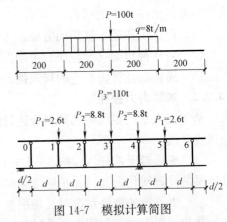

图 14-7　模拟计算简图

握，便于运算。在计算等截面基础梁时，由于运算过程不必求解联立方程，而且工作量不大，但精度高，这是本法区别于其他各方法的主要不同点，不像初参数法等既需求解联立方程式，而且有时解算精度要到小数点后五六位之多，误差易于积累，数字运算亦繁重。从算例可见，采用本方法与初参数法非常吻合。连杆法本身属精确解，其精度取决于连杆数目，一般取 5～6 根，足以满足工程要求。

初参数法计算结果　　　　　　　　　　表 14-1

名称	连杆反力 P (kN)	本简化计算地基反力 R(kN)	初参数法地基反力 R(kN)	相对误差 (%)
3 支座	201	176	177	0.6
4 支座	197	173	173	0.0

14.3　柔性高桩台岸壁结构简化计算法

14.3.1　概述

港湾工程码头建筑中，高桩台岸壁结构计算历来是该工程难题，尤其在没有计算机年代。实质上该工程计算可视为有侧位移的、变弹性支座、不等跨的多跨连续梁，精确计算是很复杂的。本简化计算法的解题思路清晰，方法简明。

本计算法仍按学者 H. A 斯莫洛金斯基提出的计算图式（图 14-8），把桩台视为弹性支座（桩）上的连续梁来研究。桩的两端假定为铰接，并忽略横梁的轴向力与剪力对变形的影响，有关计算公式的应用与推广仍参照文献 [61]。

在解支座变位值时，我们把柔性桩台的桩力近似地按无刚性桩台桩力来代替，在均布竖向荷重作用下，直接解得支座变位值 b_n；在水平荷载作用下，用间接方法求得变位值，即预先解得每一支承节点的水平位移 a_n，然后就能方便地将支承节点的竖向位移表示于支座弯矩的函数，再将变位值代入三弯矩方程式联立解算支座弯矩 M_n，从而考虑了由于支座弯矩引起的附加桩力来修正按无刚性解得到的桩力。

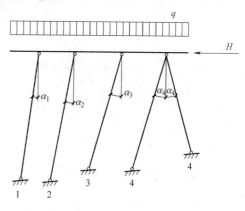

图 14-8　柔性高桩码头结构计算简图

14.3.2　基本原理

1. 支座变位 b_n（或 a_n）值

其值大小与桩顶承受荷载 N_n（或 H_n）及桩本身的刚性系数 K_n 有关。

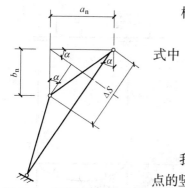

图 14-9　位移与桩变位关系

根据桩力与位移关系式（图 14-9）：

$$P_n = K_n \Delta S = K_n(b_n \mathrm{con}\alpha_n + a_n \sin\alpha_n) \qquad (14\text{-}7)$$

式中　　P_n——桩力；

　　　　K_n——刚性系数；

　　　　b_n——桩顶竖向变位；

　　　　a_n——桩顶水平变位；

　　　　α_n——桩轴向和竖向的夹角。

我们假定桩顶位移方向与桩顶承受外载荷方向一致，即支承点的竖向反力 N_n，只能使桩顶产生竖向变位 b_n；同样地，支承节点上的水平荷载 H，也只能使桩顶产生水平位移 a_n。

为了便于建立变位方程式，我们先来研究支座的变位情况：

（1）由竖向力产生桩顶位移（图 14-10），即 $a_n = 0$，代入桩力公式求得位移 b_n（略）；

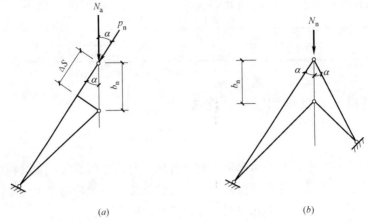

(a)   (b)

图 14-10 竖向力产生桩顶位移关系图

（2）由水平力产生桩顶位移（图 14-11）

即 $b_n = 0$，代入桩力公式求得 a_n（略）。

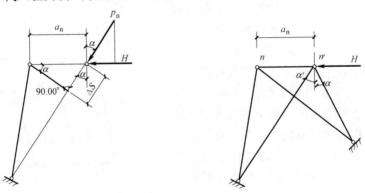

图 14-11 水平力产生桩顶位移关系图

（3）桩顶的绝对水平变位 a_n 见图 14-12，应等于本身变位加上相邻支座的牵连变位。

（4）桩顶的竖向反力 N_n 见图 14-13，应等于简支梁反力 N_0 加上相邻支座的弯矩 M 引起反力之和（略）。

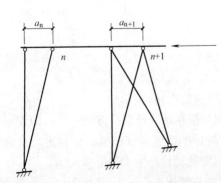

图 14-12 水平力产生桩顶承台总位移关系图

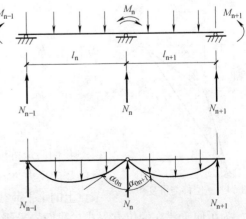

图 14-13 支座反力与梁支座弯矩关系图

由均布载荷产生的支座竖向反力 N_n 在解变位时假定 $M_n = 0$，即由 N_{n0} 代替 N_n，也就是把桩台视为无刚性来计算柔性桩台竖向反力或桩力。解得竖向反力或桩力后，再按图 14-10 所示的变位关系解得支座沉陷值 b_n。

由水平载荷产生的支座竖向变位 b 值，应表示于中间支座弯矩 M_n 的函数，因这时 N_0 是不存在的，因此也就不能忽视未知弯矩对变位的影响，但这时每个桩顶的水平变位是可直接解得，即桩台视为无刚性 $M = 0$ 由水平荷载产生的桩力；便可按图 14-11 所示的变位求得桩力（略）。

2. 支座弯矩 M_n 的解答

将上面求得桩顶的变位值代入三弯矩方程式联立求解，得各支座弯矩 M_n。桩力的计算考虑由于支座弯矩产生的附加桩力，来修正按无刚性解得的桩力。

$$P_n = P_{n0} + \Delta P_n ; \tag{14-8}$$

式中　ΔP_n——附加的桩力；

　　　P_{n0}——按无刚性解得的桩力。

14.3.3　算例

有一具有柔性横梁的桩式结构如图 14-14 所示，其计算图形如图 14-15 所示。

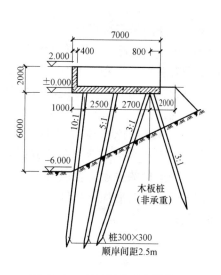

图 14-14　柔性梁式码头结构图

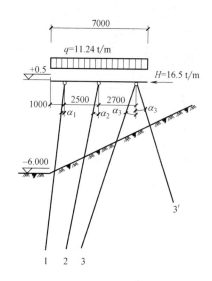

图 14-15　柔韧性梁式码头计算简图

假设 $M_2 = 0$，即可求各桩顶的实际变位值；然后代入桩力公式，无刚性时，各桩的轴向力 P_n。再利用本文介绍的变位关系图求得各桩顶变位值（略）。

对横梁中间支座写出一个三弯矩方程，并将各桩顶竖向变位值及有关系数值代入，则可解得横梁中间支座弯矩 M_2。

当水平力 $H = 16.5t$ 作用时，$M_2 = -7.8 t \cdot m$。

当均匀荷重 $q = 11.24 t/m$ 作用时，$M_2 = 6.5 t \cdot m$。

由弯矩 M_2 即可求得各桩的修正桩力，而后便可求得各桩的轴向力。

14.4　高桩墩台双弹性中心法

14.4.1　概述

港湾工程、桥墩建筑及高层建筑中的墩台或基础桩承台，对轴对称构筑物的空间问题导出二度弹性中心，从而提出广义弹性中心概念。本方法属精确解，利用弹性中心法不仅可简化计算并可实施基桩优化设计。利用广义弹性中心的概念还可延伸应用于建筑工程的抗震设计。

按轴对称布置的桩基，由于基桩布置简单，受力明确，因此，应用极广。精确求解往往过于复杂，有的列出一度弹性中心点坐标进行简化，有的化为三个平面问题进行简化，这些在理论上不严密，在方法上不精确，不具有普遍意义。

14.4.2　基本方程的应用

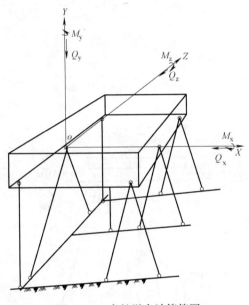

图 14-16　高桩墩台计算简图

根据墩台的空间工作的特性，把墩台的上部结构（桩台）视为弹性支座（桩）上的空间刚性体来研究，为便于本方法的推导，现假定桩的两端为铰接来进行（如考虑桩的两端为固接时，以下推导的结果其表达式仍然适用）。

基于上述的假定，提出的计算图式（图 14-16），并引用文献[58]所推导的基本方程式，现把有关部分的公式和符号引述如下：

以桩台在空间的六个变位，即竖向变位 h_y，沿 X 轴的水平变位 h_x，沿 Z 轴的水平变位 h_z，绕 X 轴转动 ϕ_x，绕 Z 轴的转动 ϕ_z，绕 Y 轴的转动 ϕ_y 等，作为变位法方程独立未知数。并令坐标的原点定在沿墩台前缘第一排桩的桩顶与桩台底面交接线的中点上，坐标轴的放置。

E——桩材料的弹性模数；

F——桩的断面面积；

l——桩的自由部分长度；

α——桩轴线与竖向的夹角，恒为正；

α_x，α_z——桩轴线分别投影在 YOX，YOZ 面内的倾角，以竖向起算，顺时针者为正；

Z——自桩顶至 X 轴的距离；

X——自桩顶至 Z 轴的距离；

M_x，M_y，M_z——分别为外力在 X 轴，Y 轴和 Z 轴方向的分力之和；

Q_x，Q_y，Q_z——分别为外力在 X 轴，Y 轴和 Z 轴方向的力矩之和。

力和变位的符号规定为：竖向外力，竖向变位等，均以向下为正；水平外力，水平变

位等，均以向左为正，外力矩，桩台转动等，均以顺时针者为正；桩内发生轴向压力
为正。

根据空间平衡的六个条件写出，即：

$$\begin{aligned}
\Sigma P\sin\alpha_x &= Q_x \\
\Sigma P\sin\alpha_z &= Q_z \\
\Sigma P(-Z\sin\alpha_x + X\sin\alpha_z) &= M_y \\
\Sigma P\cos\alpha &= Q_y \\
\Sigma P\cos\alpha_x &= M_z \\
\Sigma P\cos\alpha_z &= M_x
\end{aligned}\right\} \tag{14-9}$$

又桩力 P 与位移 λ 的关系式，即：

$$\begin{aligned}
P = K\lambda &= K \left[\lambda_{hx} + \lambda_{hz} + \lambda_{\phi y} + \lambda_{hy} + \lambda_{\phi z} + \lambda_{\phi x} \right] \\
&= K \left[h_x\sin\alpha_x + h_z\sin\alpha_z + \phi_y(-Z\sin\alpha_x + X\sin\alpha_z) \right. \\
&\quad \left. + h_y\cos\alpha + \phi_z X\cos\alpha_x + \phi_x Z\cos\alpha_z \right]
\end{aligned}$$

式中　K——桩的弹性沉陷系数，当仅考虑桩材料的弹性变形时

$$K = \frac{EF}{l}$$

　　　　λ_n——由于桩台变位 n（分别代表变位 h_x，h_z，ϕ_y，h_y，ϕ_z，ϕ_x）在桩中发生轴向
　　　　　　　变位 λ。

将 $P = K\lambda$ 代入式（14-9），即得空间问题的一般性方程式：

$$\begin{aligned}
\delta_{xx}h_x + \delta_{xz}h_z + \delta_{xy}'\phi_y + \delta_{xy}h_y + \delta_{xz}'\phi_z + \delta_{xx}'\phi_x &= Q_x \\
\delta_{zx}h_x + \delta_{zz}h_z + \delta_{zy}'\phi_y + \delta_{zy}h_y + \delta_{zz}'\phi_z + \delta_{zx}'\phi_x &= Q_z \\
\delta_{y'x}h_x + \delta_{y'z}h_z + \delta_{y'y}'\phi_y + \delta_{y'y}h_y + \delta_{y'z}'\phi_z + \delta_{y'x}'\phi_x &= M_y \\
\delta_{yx}h_x + \delta_{yz}h_z + \delta_{yy}'\phi_y + \delta_{xy}h_y + \delta_{yz}'\phi_z + \delta_{yx}'\phi_x &= Q_y \\
\delta_{z'x}h_x + \delta_{z'z}h_z + \delta_{z'y}'\phi_y + \delta_{z'y}h_y + \delta_{z'z}'\phi_z + \delta_{z'x}'\phi_x &= M_z \\
\delta_{x'x}h_x + \delta_{x'z}h_z + \delta_{x'y}'\phi_y + \delta_{x'y}h_y + \delta_{x'z}'\phi_z + \delta_{x'x}'\phi_x &= M_x
\end{aligned}\right\} \tag{14-10}$$

式中　δ_{mn}——由于单位变位 n（以 X，Z，Y'，Y，Z'，X' 分别代表变位 h_x，h_z，ϕ_y，
　　　　　　　h_y，ϕ_z，ϕ_x，）在桩中产生轴向力 δ，在 m 向的分力和。

有关 δ_{mn} 系数的表达式，请参照：

桩两端为铰接时，为文献[58]。

桩两端为固接时，为文献[59]。

当桩基布置为轴对称时（如 OX 轴），从方程式（14-10）可以看出，式中有一半系数
之值为零，即：

$$\delta_{xz} = \delta_{zx} = 0; \qquad \delta_{yy'} = \delta_{y'y} = 0;$$
$$\delta_{xx'} = \delta_{x'x} = 0; \qquad \delta_{z'z} = \delta_{zz'} = 0;$$
$$\delta_{z'x} = \delta_{xz'} = 0;$$
$$\delta_{yz} = \delta_{zy} = 0; \qquad \delta_{z'y'} = \delta_{y'z'} = 0;$$
$$\delta_{yx'} = \delta_{x'y} = 0;$$

方程式（14-10）就可以化为二个三元一次联立方程组：

$$\left.\begin{array}{l}\delta_{xx}h_x+\delta_{xy}h_y+\delta_{xz'}\phi_z=Q_x\\ \delta_{yx}h_x+\delta_{yy}h_y+\delta_{yz}'\phi_z=Q_y\\ \delta_{z'x}h_y+\delta_{z'y}h_y+\delta_{z'z'}\phi_z=M_z\end{array}\right\}(14\text{-}11a)$$

$$\left.\begin{array}{l}\delta_{zz}h_z+\delta_{zx}\phi_x+\delta_{zy'}\phi_y=Q_z\\ \delta_{x'z}h_z+\delta_{x'x'}\phi_x+\delta_{x'y'}\phi_y=M_x\\ \delta_{y'z}h_z+\delta_{y}'x'\phi_x+\delta_{y'y'}\phi_y=M_y\end{array}\right\}(14\text{-}11b)$$

$$(14\text{-}11)$$

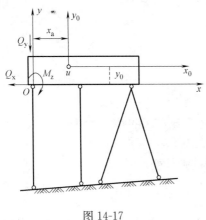

图 14-17

轴对称桩基布置的墩台结构的方程组（14-11），但直接求解方程组仍是一项繁重的计算工作。

本节目的应用"弹性中心法"的基本原理求解二种不同类型的三元一次联立方程组（14-11a）和（14-11b）。

方程式（14-11a）是大家熟悉的平面问题的一般性方程，但为了便于对方程式（14-11b）的弹性中心法的推导与系统地应用，所以对方程（14-11a）作扼要地叙述。

14.4.3 弹性中心法公式的推导

1. 方程式（14-11a）的求解：如图 14-17 所示，我们把新的坐标原点设在弹性中心点 $U(X_0，Y_0)$ 并以 X_0 平行于 X，以 Y_0 平行于 Y 放置根据弹性中心点的特性，并由式（14-11a）中看出，此时，系数：

$$\delta_{yz'}=\delta_{z'y}=\delta_{xz'}=\delta_{z'x}=0$$

并由式（14-11a）可简化为式（14-12）即

$$\left.\begin{array}{l}\delta_{yy}h_y=\delta_{yx}h_x=Q_y\\ \delta_{xy}h_y+\delta_{xx}h_x=Q_x\\ \delta_{z'z'}\phi_z=M_z+Q_yY_0-Q_yX_0\end{array}\right\}\quad(14\text{-}12)$$

式中 X_0，Y_0——弹性中心点坐标，可利用下式求得：

$$\left.\begin{array}{l}\delta_{z'y}=\sum n_yU=0；\\ \delta_{z'x}=\sum n_xU=0\end{array}\right\}\quad(14\text{-}13)$$

式中 n_m——由于沿坐标 m 方向的单位变位，在桩中产生的轴向力。其中：

$$n_y=K\cos\alpha$$
$$n_x=K\sin\alpha_x$$

U——桩轴线至弹性中心点 U 的距离，由图 14-17 可得：

$$U=(X-X_0)\cos\alpha_x+Y_0\sin\alpha_x$$

则式（14-13）可写成：

$$\delta_{z'y}=\sum n_yU=\sum n_y〔(X-X_0)\cos\alpha_x+Y_0\sin\alpha_x〕=0$$
$$\delta_{z'x}=\sum n_xU=\sum n_x〔(X-X_0)\cos\alpha_x+Y_0\sin\alpha_x〕=0 \quad(14\text{-}14)$$

由上式可解得：

$$\left.\begin{array}{l}X_0=D(\delta_{z'y}\delta_{xx}-\delta_{z'x}\delta_{yx})\\ Y_0=D(\delta_{z'y}\delta_{xy}-\delta_{z'x}\delta_{yy})\end{array}\right\}\quad(14\text{-}15)$$

式中：

$$D=\frac{1}{\delta_{yy}\delta_{xx}-\delta_{yx}^{2}};$$

这样，便可由式（14-15）中求得桩台的变位：

$$\left.\begin{array}{r}h_{y}=D(Q_{y}\delta_{xx}-Q_{x}\delta_{yx})\\ h_{x}=D(Q_{x}\delta_{yy}-Q_{y}\delta_{xy})\\ \phi_{z}=\dfrac{Q_{x}Y_{0}-Q_{y}X_{0}+M_{z}}{\delta_{z'z'}}\end{array}\right\}\qquad(14\text{-}16)$$

求得变位后，即可求得由于外力 Q_y，Q_x 及 M_z 产生的桩力 P_a

$$P_{a}=K\lambda=K(h_{y}\cos\alpha+h_{x}\sin\alpha_{x}+U\phi_{z})$$

2. 方程式（14-11b）的求解

由式（14-11b）可以看出，外力 Q_z，M_x 及 M_y 只能产生桩台位移 h_x，及转角 ϕ_x 及 ϕ_y。

由于桩基称于 OX 轴，按对称原理，此时桩台结构的弹性中心 U 坐标，只能位于对称面 YOX 之内，令新坐标原点设在弹性中心点 U（X_0，Y_0），X_0；Y_0 分别平行 X；Y 轴，见图 14-17。

根据弹性中心点的特性，并由式（14-11）看出，此时，系数：

$$\delta_{zx'}=\delta_{x'z}=\delta_{zy'}=\delta_{y'z}=0$$

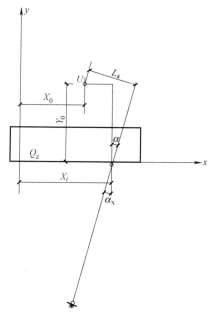

图 14-18　桩轴至弹性中心距离

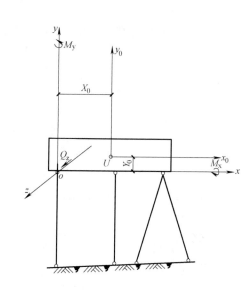

图 14-19　方程（14-11b）弹性中心计算简图

并由式（14-11b）可简化为式（14-17）

$$\left.\begin{array}{r}\delta_{zz}h_{z}=Q_{z}\\ \delta_{x'x'}\phi_{x}+\delta_{x'y'}\phi_{y}=M_{x}+Q_{z}Y_{0}\\ \delta_{y'x'}\phi_{x}+\delta_{y'y'}\phi_{y}=M_{y}-Q_{z}X_{0}\end{array}\right\}\qquad(14\text{-}17)$$

如果，已知弹性中心点 U 坐标（X_0，Y_0），那么便可由式（14-17）求得桩台变位为：

$$\left.\begin{array}{l} \phi_y = D\ [\ (M_y - Q_z X_0)\delta_{x'x'} - (M_x + Q_z Y_0)\delta_{y'x'}\ ] \\[2mm] \phi_x = D\ [\ (M_x - Q_z X_0)\delta_{y'y'} - (M_y - Q_z Y_0)\delta_{x'y'}\ ] \\[2mm] h_z = \dfrac{Q_z}{\delta_z z} \end{array}\right\} \qquad (14\text{-}18)$$

式中：

$$D = \frac{1}{\delta_{y'y'}\delta_{x'x'} - \delta_{y'x'}^{\,2}}$$

求得变位后，即可求得由于外力 Q_z，M_x 及 M_y 所引起的桩力 P_b

$$P_b = K\lambda = K(h_z \sin\alpha_z + \lambda\phi_{x_0}\phi_x + \lambda\phi_{y_0}\phi_y)$$

弹性中心点坐标，可利用式（14-18）求得

$$\delta_{zx'} = \sum n_z \cdot \lambda\phi_{x_0}$$

$$\delta_{zy'} = \sum n_z \cdot \lambda\phi_{y_0}$$

式中　　　　　　　　n_z——沿桩轴线单位位移时，在桩中产生轴向力在 Z 轴方向的分力（图 14-20）；

$n_z = K\sin\alpha_z \lambda\phi_{y_0}$，$\lambda\phi_{x_0}$——桩台有一绕 X_0 轴或 Y_0 轴的单位移动角（$\phi_{x_0} = 1$；$\phi_{y_0} = 1$）时，在桩中产生轴向变位。现分别确定如下：

（1）$\lambda\phi_{x_0}$

由系数物理意义得（图 14-20）

$$\lambda\phi_{x_0} = y$$

y——桩轴线至弹性中心点 J（Y_0）的垂直距离，由图 14-21 求得

$$y = JA = JB\cos\alpha_z$$

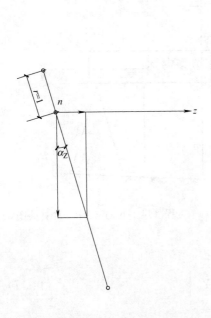

图 14-20　桩轴单位位移在 Z 轴上的分力

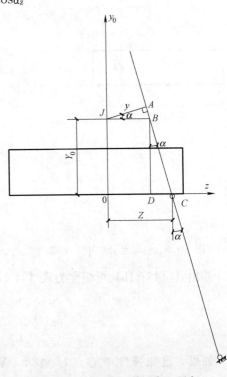

图 14-21　桩轴至弹性中心距离

146

又：

$$JB = OC - DC = Z - Y_0 \tan \alpha_z$$

∴

$$y = (Z - y_0 \tan \alpha_z) \cos \alpha_z = (Z \cos \alpha_z - Y_0 \sin \alpha_z)$$

$$\delta_{zx'} = \sum n_z y = \sum K \sin \alpha_z (Z \cos \alpha_z - Y_0 \sin \alpha_z) = 0$$

由上式可解得：

$$Y_0 = \frac{\sum K Z \sin \alpha_z \cos \alpha z}{\sum K \sin^2 \alpha_z} = \frac{\delta_{zx'}}{\delta_{zz}} \tag{14-19}$$

（2）$\lambda \phi_{y_0}$

由 $\lambda \phi_{y_0}$ 的物理意义得知，如图 14-22 所示。桩台有一绕 Y_0 轴的单位转动时，在桩中发生向变位，此时，桩顶的位移可分解为沿 X_0 轴及 Z_0 轴的二个方向的水平移动，即：$h'_x = \rho \phi_y \sin \beta$；$h'_z = \rho \phi_y \cos \beta$；

又：$\rho \sin \beta = Z$；
$\rho \cos \beta = (X - Y_0)$；

故：$h'_x = -Z \phi_y$；
$h'_z = (X - Y_0) \phi_y$；

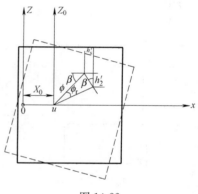

图 14-22

此时，桩在 h'_x 和 h'_z 的水平向位移共同作用下所发生桩轴变形为：（当 $\phi_y = 1$）

$$\lambda \phi_{yo} = [-Z \sin \alpha_x + (X - X_0) \sin \alpha z]$$

$$\delta_{xy'} = \sum K \sin \alpha_z [-Z \sin \alpha_x + (X - X_0) \sin \alpha z] = 0$$

由上式可解得 X_0：

$$X_0 = \frac{\sum -K Z \sin \alpha_z \sum K \sin \alpha_z \sin \alpha_x + \sum K X \sin^2 \alpha_z}{\sum K \sin^2 \alpha}$$

图 14-22 桩墩转动桩轴向变位 $= \dfrac{\sum (-Z \sin \alpha_x + X \sin \alpha_z) \sin \alpha_z}{\sum K \sin^2 \alpha} = \dfrac{\delta_{y'z}}{\delta_{zz}}$ (14-20)

其每根桩的总的桩力 P，应由 Q_x，M_z 及产生桩力 P_a 和由 Q_z，M_x 及 M_y 产生桩力即 P_b 之和，即：

$$P = P_a + P_b$$

14.4.4　算例

该算例选自文献[58]，高桩墩式结构如图 14-23 所示，有关桩基的计算原始资料参照原算例。

按变位法解与按弹性中心法的变位数值一同列入表 14-2. 其承台各基桩的桩力列入表 14-3。

表 14-2

方法 变位	变位法 方程(14-10)	弹性中心法 方程(14-11a)	弹性中心法 方程(14-11b)
h_x	226	226	
ϕ_z	-12.7	-12.3	
h_y	171	109	
h_z	-398		-378
ϕ_x	11.65		11.65
ϕ_y	13.4		13.2
坐标原 点位置	$x_0=0$ $y_0=0$ $z_0=0$	$x_{0a}=\dfrac{\delta_{z'y}}{\delta_{yy}}=4.72\text{m}$ $y_{0a}=0 \ z_{oa}=0$	$x_{0b}=\dfrac{\delta_{y'z}}{\delta_{zz}}=1.5\text{m}$ $x_{0b}=0 z_0 b=0$

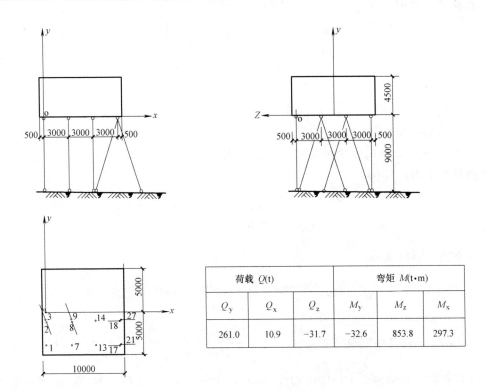

荷载 $Q(\text{t})$			弯矩 $M(\text{t}\cdot\text{m})$		
Q_y	Q_x	Q_z	M_y	M_z	M_x
261.0	10.9	-31.7	-32.6	853.8	297.3

图 14-23 高桩墩式结构计算

从上表可见，上述的二种方法解得变位值、桩力值是相同的。这是因为本节提出的二度空间弹性中心法，实属变位法精确解。不仅避免了繁重的计算工作，又能找到结构的弹性中心点，从而为进一步合理布置与调正桩基提供了条件。

从上述推导结果，我们发现轴对称桩基布置的墩台结构具有二度不同性质的弹性中心点，它们随荷载形式而异。从而提出广义"弹性中心"的定义，即构筑物（建筑物）在特定的外载荷作用下，如在 Q_x，Q_y 及 M'_z 或在 Q_z，M_x 及 M_y 的作用下，当外力 Q（Q_x，Q_y 或 Q_z）通过此点（弹性中心点）时，仅能引起结构的线性位移 h（h_x，h_y 或 h_z）而不发生转动。具有上述的特性点即为弹性中心点。

利用本文介绍的"弹性中心法"能一次性解得方程式 14-11（a）与 14-11（b）。利用二度弹性中心方法可应用于民用高层建筑桩基工程的抗震设计与桩基的优化。

表 14-3

桩号	1	2	3	4	5	6	7	8	9	10	11	12	13	14	15	16	17	18	19	20	21	22	23	24
变位法 P	13.0	2.0	28.5	5.5	32	24.6	8.8	−0.7	23.5	2.8	26.6	20.3	4.5	8.3	12.2	16.0	9.4	11.9	14.0	16.4	−9.7	−4.7	0.4	5.4
弹性中心法 P'	12.6	1.9	28.4	5.4	31.8	24.1	8.5	−0.5	24.5	1.5	26.6	20.1	4.5	8.3	12.0	16.0	9.7	12.0	14.3	16.6	−9.3	−4.4	0.7	5.6
相对率 $\dfrac{P'-P}{P}$%	−3.2	—	0.3	—	1.9	−2.0	−3.5	—	4.0	—	0	1.0	0	0	0	0	3	1.0	2.1	1.2	−4	—	—	—

14.5　土坡稳定运筹法

14.5.1　概述

岸壁、堆场、基坑支护的土坡稳定分析虽已采用电算程序，但本节力图用优选法来解决工程问题的思路仍是可取的，它实质上是运筹学的系统工程。

边坡稳定是工程设计中首选问题，圆弧面滑动条分法运算是最为常用的方法。它就是把土坡稳定问题的分析归结于寻求最危险滑动面中心点的坐标（ζ_0、η_0）。也就是在众多滑动面中找出最小的稳定安全值 K_{min}（图 14-24），于此稳定系数 K 表示为 ζ、η 的两个变量函数，$K = f(\zeta, \eta)$。把这点作为运算目标。我们就可应用优选法顺利完成试算工作。

优选法需要解决以下几个问题：

14.5.2　优选范围

（1）边界值

关于条分法的试算范围，目前对均质直线斜坡的稳定分析，已制成了现成图[47]，可直接查表得最危险滑动面中心点的坐标值（ζ、η）。

对一个直线斜坡，多层土体组成土坡，其危险滑动面的中心点位置，一定包括在各均质土坡所组成的最危险滑动中心范围之内，即分别把土坡视为各相应的均质土体，并利用文献[48]均质土坡的现成图表，查得各相应土层的最危险滑动中心点 O_i 的坐标值，然后依次连接各相应点 O_i 即构成优选范围（图 14-25）。按照此法所确定的滑动圆心范围，它借助了均质土坡的现成图表，具有方法简明、确定范围正确的优点。按本方法将优越于菲里纽斯所提供的近似危险滑动线段法。

（2）滑动面

图 14-24 为土坡滑动的二种类型滑动面，现分别作以下说明：

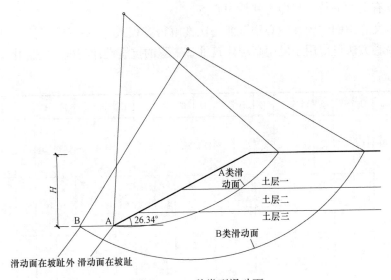

图 14-24 二种类型滑动面

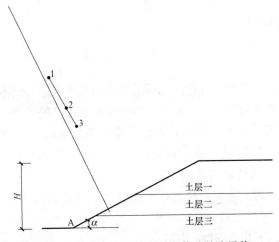

图 14-25 发生在坡趾滑动面优选的边界值

1）当各层滑动面只发生在坡趾 A 点滑动面时，即当摩擦系数 $\tan\varphi_0 \geqslant 0.246$（$\varphi_0 \geqslant$ 14°）时，危险滑动面总是经过坡趾的。此时，各层土体最危险滑动中心由文献[47]求得，滑动线段在直线（2、1、3）上（图 14-25），线段的两端即为优选的边界值，按单因素优选法进行。

2）当各层土体的滑动面，不只发生在坡趾 A 点，还有发生在斜坡范围以外地基中时（图 14-24），此时各层土体最危险滑动中心按文献[47]求得，连接各层土体的最危险滑动中心点，构成优选范围为三角形或多边形（图 14-26），按双因素正交优选法进行详见文献[47]。

3）单因素线段优选法

如图 14-27 所示，已知 AB 线段，其总长 l 即为优选长度，我们先把第一个圆心点设在这个线段总长的 0.618 地方①（左或右端起算均可）进行运算，如图 14-27（a），第二个圆心点以 AB 线中心线与①对称点②地方进行，如图 14-27（b），然后比较①、②二点

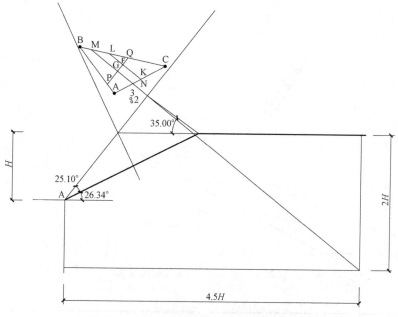

图 14-26　发生在坡趾以外滑动面优选的边界值

安全系数值，如①比②大，那①以外线段就不要了，第三个圆心点将继续以剩下线段 A①对折线的②对应点③地方进行，如图 14-27（c），再比较②、③安全值，如③点大于②点，那③以外线段就不要了。以此类推求出第④点、第⑤点。

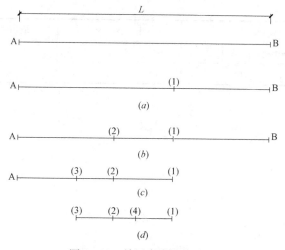

图 14-27　单因素线段优选法

14.5.3　算例

　　见图 14-28，已知土坡的几何特征和各层土的物理、力学特性（见表 14-14），试求该土坡具有最小的滑动稳定安全系数 K_{min} 值。先根据Ⅰ、Ⅱ、Ⅲ层土的特性，分别按均质土坡查用文献[47]得各层土的相应最小滑动中心点，由图示所得优选范围直线线段 AB，然后按单因素方法进行运算（略）。在 AB 范围运用优选法进行六次就可得到满意的解答，最小的滑动稳定系数 $K_{min}=1.40$，见表 14-5。

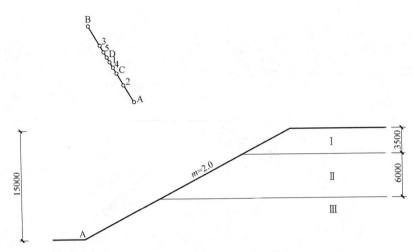

图 14-28 成层土坡稳定优选法

表 14-4

层号	层高(mm)	$\gamma(t/m^3)$	$\varphi(°)$	$C(t/m)$
I	3500	1.2	31	0.1
II	6000	0.8	25	0.2
III	无限	0.8	21	0.5

表 14-5

滑动圆心点	1	2	3	4	5	6	最小滑动稳定安全系数 K_{min}
优选范围线段	A~B	B~A	B~2	3~2	3~4	1~3	1.40
计算安全系数 K	1.47	2.05	1.53	1.40	1.41	1.40	

第三部分 岩 土 思 考

第 15 章 常见工程的现象剖析

15.1 引言

软土地基基础设计，它涉及多学科的综合性工程技术，不仅要有土力学作理论基础。更需要工程实践作依托，完全依靠计算取代设计是行不通的。

在 20 世纪 80 年代初，随着温州建设事业的发展，基础设计开始从桩基取代天然地基。回顾当年一件工程质量事故纠纷，有一武警大楼工程项目，委托温州市某建筑设计院设计。基础采用桩基处理，但刚建成不久（图 15-1），主楼与两侧裙房发生相撞，出现外八字开裂。设计人员在检查计算书时是正确的，其原因是该大楼的软土地基反力的边缘应力集中，而设计者在桩布置时而没有考虑这一情况，而且设计的桩长又较短。在温州经常遇到在软弱地基基础工程设计中，往往按常规方法设计与计算，在检查计算书时都是"正确的"，但建成后建筑物发生各种问题，有些甚至出现严重的工程事故，也是屡有发生。

上海某大楼整体倾倒（图 15-2），是由于对土的特性认识不清，在侧地下室开挖时破坏了原土体的平衡，在下一瞬间产生新的位移与平衡，造成基础管桩折断而引起大楼倾倒。

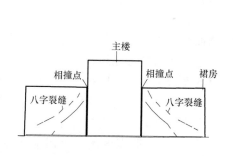

图 15-1 主楼与群房由于沉降引起碰撞开裂

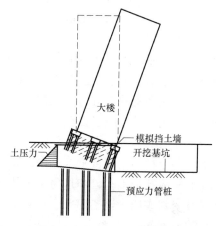

图 15-2 某大楼旁侧地下室开挖引起倾倒示意图

天然软弱淤泥土、淤泥质黏土、黏土、亚黏土、砂土、砾石、甚至基岩原本是流动变化的，它由特定的物理的、力学的、化学的性状组成。所以必须提倡"生命土力学"才能适应有生命特征的、有流动变化的土。我们从以下案例趣谈，可见一斑。

15.2　案例趣谈

以下通过案例趣谈，进一步深入了解土的习性。进一步告诫人们，人在改造与修善自然界活动时，必须顺其自然。返其道而行之，必然要吃亏。

1. 渗流、管涌与土中水

在李广信著的岩土工程50讲——岩坛漫话[32] "说到土中的渗流，就是水在土的孔隙中流动，如果符合层流条件其基本规律服从达西定律，即 $u=ki$"。

如果我们从哲学观点去理解渗流与管涌，首先把该上述公式改写为一般函数式 $u=f(ki)$ 表示，再用它来解释渗流与管涌更就一清二楚；式中 u 是指渗流流速是一自然现象，它是 k、i 的函数。i 是水头是渗流外部原因（外因）；k 是土的本身透水特性是内部条件（内因），要发生渗流与管涌，没有外部水头 i 是不会出现渗流与管涌，反之没有内部的渗透条件 k 也是不会产生渗流与管涌。符合外因要通过内因发生作用的哲学原理。

所谓的外因是指水头，如下暴雨、山洪暴发、涨潮、水库涨水、地下压力等水源，反之枯水、泄水、退潮、排水、抽水，达到一定的量即水头差；同时，内因是指土的本身的渗流系数达到一定值，才会发生渗流条件。

20世纪50年代刚上河海大学，校园位于南京清凉山山麓，风景宜人，大门主通道绿树成荫，延绵弯曲数百米而消失在远方。道路原本山麓底谷中开挖出来的，两侧山体自然成了山麓的坡脚，每当暴雨过后，就会发现山坡多处出现塌方，黄土成批、成片坠落在道路两侧人行道上（图15-3）。只要留意观察，就会发现最不稳定的区段是发生在坡陡大的、坡面草皮不密集或没有灌木种稙及雨水集水坡面大的地方。经数年后山坡土体（黄土）才开始稳定了，暴雨塌方现象也少了。记得当年土力学老师钱家欢教授向我们

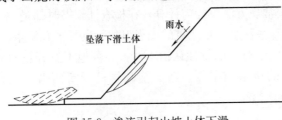

图15-3　渗流引起山坡土体下滑

解释这就是渗流。渗流就是水在土的孔隙中流动，从而减少了土的抗剪值，在渗流水动力作用下，于是形成了水在土中流动，山坡土体顺水而下，坠落塌方在地。

但对于黏性土的渗流与上述黄土则不同，黏土渗流系数很小。所以在水工上用它作挡水的黏土心墙土坝。所以说在黏性土一般不会发生渗流与管涌，只有在淤泥质黏土、夹砂的黏土、粉质黏土等，有透水性的、有孔隙的土体，才有可能发生渗流与管涌。

对比当年校园山坡黄土渗流塌落，2011年发生在温州滨海开发区的一个污水处理工程的钻孔桩成孔的塌孔，却是另一类的渗流、管涌案例。

地质资料表明，该工程地表4～5m深为新近吹填的经真空预压处理的砂质淤泥，以下50多米均为淤泥质黏土、黏土层。基础采用刚-柔性复合桩基，柔性桩为桩径500mm、桩长15m水泥搅拌桩，刚性桩为桩径500mm、桩长45m旋转斗式取土机械钻孔桩。该工程试桩时，出现了钻孔上部区段塌孔严重难以成孔，要求施工单位正式开钻要下套筒钻

孔。但施工方为了方便，不愿下套筒取土钻孔。一个钻孔位竟钻出比正常二倍多的泥浆（土）量，混凝土浇灌量超过了常规的钻孔 1.5 倍之多。桩周约十多米范围地面已出现圆环开裂（图 15-4），形成一个圆形下陷锥形大漏斗。可以断定地基沿圆环已出现浅层的圆弧滑动失稳。

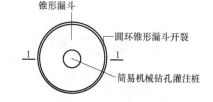

这是一起由于施工方不下套筒钻孔造成的土中水渗流、管涌的工程事故，由于不断地从孔内取土、取水，孔内外水位自然形成了水头差，冲填砂质淤泥土又是透水性强的土体，这就形成了在砂质淤质黏土地基中，水在土中流动于是使孔壁土体顺水而下，坠落塌方形成圆环形地坪下陷。

当时，我严肃指出该锥形大漏斗已造成工程事故，而且耗工、耗时、耗材料；不仅桩本身浇注时有可能随着塌孔的泥浆带入影响桩身混凝土质量与缩颈，并已危及四周已打的水泥搅拌桩。

2. 地下水与水压力

记得，在学生年代上土力学这门学科时，我曾向老师提问过，为什么在黏性土中能存

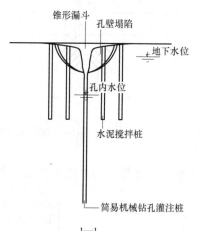

图 15-4　渗流引起钻孔桩孔壁滑坡土体工量

在着自由水与静水压力，是通过颗粒之间的孔隙水来传递水压力吗？未得满意解答。而后在工程实践中，遇到很多工程技术人员、工程师常误把孔隙水理解为地下水，或只是一知半解、模糊不清。以下结合工程实践对此问题作思考。

对黏性土而言，土中水（不自由水）就是指土颗粒之间的孔隙水，就是土的含水量部分。在孔隙以外，自由水是没有储存、容身之地，只有在过饱和黏土，含水量超出孔隙以外成了游离水状态。

自由水一般只储存在透水层之间或与透水层相连通水源，或在过饱和的淤泥中，完全的黏土层里不可能有土中水（自由水）。

黏性土的孔隙水，只有具备排水固结时才会从孔隙中被排出，例如塑料排水板真空预压法，排出来的孔隙水成了自由水，从广义来说也是一种渗流现象即孔隙水在土的孔隙中流动。

一些地质勘察报告中常有在黏土层范围内存有地下水，实质上是地下的透水层与钻孔相连通的邻近水源（河水、海水、水库、水塘等）。有的，则是地表水储存聚集在不透水的黏土层上部的松散回填土之中，涌向地质钻孔位时出现的自由水，而常被误作黏土之中存有地下水（图 15-5）。

但在工程设计中，位于淤泥或黏土类地基的地下室、水池、船坞等地下构筑物所受到的水压力、浮托力不是黏土层本身孔隙水形成的水压力。实际上渗流水聚集是通过夹砂的黏性土内的自由水，或直接通过构筑物的外围回填土与水源相连通的自由水，此时，聚集在构筑物底板下碎石垫层与侧墙后石料回填土成为地下的自由水储蓄地。此时，作用构筑物的自由水才产生水头，位于黏土地基的构筑物受地下水的静水压力（浮力）作用。

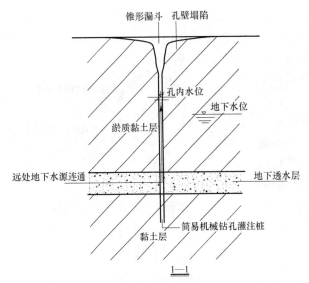

图 15-5 远处水源经透水层连通流入地质钻探孔

典型例子：

（1）南京一个地下水池在一场大暴雨后浮出地面；就成了土中的"浮舱"从地下浮出。

（2）在温州某大楼地下室在一次台风过后，底板出现上涌开裂。也是由于地面径流水涌向地下室墙后回填土产生开裂。

（3）1982年温州洞头一座近千吨位船坞工程事故，该工程位于港湾海滩，地处淤泥类地基。当船坞竣工不久准备投产落成开工，随着涨潮船舶进坞，随后退潮泄空坞内水，关闭坞门进行船舶干地修理。但第二天随着潮水再次来临，坞底板被地下水（潮水位）的浮托力劈成两半（图15-6）。

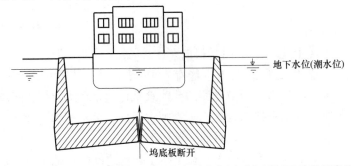

图 15-6 坞底板基础下透水层在潮水浮力作用下底板断开破裂示意图

3. 排水固结与地面下沉

软土地基沉降机理，不论是桩基还是天然地基，至今仍然是一个难解之题。是因为土是由三相组成，其中土的含水量 w 是时间 t 与附加应力 σ 的函数，用函数式表示：$w=f(t、\sigma)$。

软土的排水固结使土中含水量与孔隙率发生变化，从而引起建筑物沉降与区域地面下沉。以温州华侨饭店为例，该工程至拆建前累计下沉1.7m，致使建筑标高"室外比室内高，室内变地下室"，如此之大的下沉，恐怕全国也是罕见的。该工程采用砂垫层作基础（图15-7），地基土的承载力虽然提高了，但其建筑物的沉降反而比一般板带浅基基础大（一般下沉量在700～1000mm）。是因为砂垫层给黏性土开通了长年排水通路，土的排水固结历时几十年以至造成如此之大下沉。

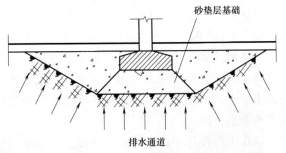

图 15-7 砂垫基础中地基土的孔隙水的排水固结示意图

1962 年作者随钱家欢教授去上海参加"上海地区区域性下沉的学术研讨会"，当时上海的下沉速率非常快，是因为上海高层林立，又加上向地下打深井抽水，似一个庞大的土工试块排水固结模型，从而引起的区域性下沉。

从以上二案例可见，软地基的排水固结是很复杂的物理现象，随时间与空间而异，所以沉降计算会如此之复杂，以致地基沉降计算经验修正值大至数倍之多。

4. 土的自重应力与沉降计算

读了李广信在《岩土工程界》上发表有关土的自重应力的讨论，由于作者以前也曾思考过地基土的沉降计算模式的假定若干弊端，但也没有悟出其他更实用的方法，只是有感而生议论几句。

由于地基土是复杂的，其土的本构不同其特性就不同，所以不能笼统地讨论土的自重应力，否则就误入歧路，而不能自拔。

我们知道砂性土与黏性土统称为土，但是在讨论其相关的物理与力学指标时应首先要加以区分，黏性土主要表现于塑性变形与孔隙水压力，砂性土主要表现为液化与渗流、管涌。用经典力学而论黏土地基受力特征是接近弹性地基半无限体假定；砂性地基则是接近温克尔（基床系数）假定；其接触应力曲线则呈完全不同的规则。

同样，在讨论土的自重应力时也应加以区分，由于砂性土的重力在竖向分布近似套用静水压力公式，但对黏性土而论是不适宜的，因黏土与砂土不一样，黏性土的土颗粒不存在自重应力的概念，它的本构是体应力；只有假定黏性土不存在黏结力时，此时，方可把黏性土的自重应力参照砂性土，用模拟静水压力公式表达：

$$\sigma_z = \gamma z$$

式中　γ——状态重度，指地基土实际工作状态时发生的重度：可以是浮重度、可以是饱和重度、可以是二者之间的天然重度；

z——指埋置深度。

当采用上述表达式就可把各种争论归并在统一表达式上。

而状态重度分析详见李广信著的"岩坛漫话"。

实质上自重应力的定义应指上部土体重力对下部的土体引起的压力，但对黏性土而言，上面已论述过黏性土无自由水的容身之地，所以地下水不可能储藏在黏性土范围内，就是不可能存有游离的地下水，也就是说土的重度不可能出现浮重度（潜重度）。此时土的状态重度应为饱和重度或自然重度。

对砂性土或透水性强的黄土由于自由水存在砂性土、黄土之中，即在地下水能存在于其中；当地下水齐平地坪时，土的自重引起重度应为浮重度（潜重度）。当地下水位在计算点以上、地面以下时则状态重度或介于二者之间。当地下水在计算点以下时其土的状态重度就是天然重度。

关于自重应力一词，实质上仅对砂性土地基或未固结的或次固结的回填土而论，因为重力对它们发生作用，上部土体的自重传给下部土体，才有自重应力概念。

但对黏性土已成了结构性物体，重力发生作用实际上是不存在的。从黏性土地质形成而论，从游离土颗粒沉积后，在未凝结前，重力发生作用出现了自重应力。随后随着土颗粒凝固构成结构性土，土的颗粒自重各自取得平衡，此时，土的自重应力向体应力过渡，这是一个漫长的造土过程：在构成骨架后的黏性的土体，上部土的重量对下部土的作用已不再是自重压力的传递方式。

可以说讨论黏性土的浮重度（潜重度）、包括自重应力是一个概念性的误区。但是为了计算地基的沉降需要，必须虚设黏性土的自重应力，这是一种工程计算的手段与方法而已，引用砂性土的自重应力用于黏性土是一种无奈的做法，虽然黏性土不存在自重应力的概念，但在黏性土的沉降计算时，它必须虚设自重应力，

由于黏性土地基的自重应力实际上是不存在的，致使沉降计算简图与实际的情况相差甚远，所以沉降计算的修正系数如此之大，在某种意义上它已超出了有效数值概念。以致初学者感到惊讶！甚至坦言地说"土力学是伪科学"也不足为奇。

对黏性土地基的沉降计算简图，从概念上与理论上分析，较合理地、应该把黏性土地基模拟视为弹性或弹塑性半无限体，应用弹性力学或弹塑性力学来计算半无限体地基土在外荷作用下的物体的应力、应变引起的地面变位。再根据发生的地基土的应力（主应力与剪应力）应用渗流理论导出黏性土在渗流作用下引起排水固结产生地面沉降。然后把上述二部分计算值给予叠加（图 15-8）。

此时，在计算黏性土地基的沉降时就没有出现土的自重应力问题。当然上述的简图仅是作者的设想，它涉及数学上的麻烦与参数确定等一系列问题。如果是现实可行，那就毋需计算与讨论土的自重应力问题。

当然分层总和法计算地基的沉降至今仍是一种实用计算法，最大的缺陷是修正系数过大，最大的假设是土的自重应力是虚拟的，最大的优点是简易方便。纵观岩土工程的发展，沉降计算仍然是一个难解之题。

注：有关自重应力问题在结构设计中同样出现不同设定引起计算差异，典型的案例是墙梁计算。由于对墙体的特性设定不同，并考虑梁的变形特性等因素，作用于梁上的荷载分布就不一样；有直线分布与三角形分布的不同设定；当把墙体与墙梁视为组合体，按共同工作设计时则又另一回事。

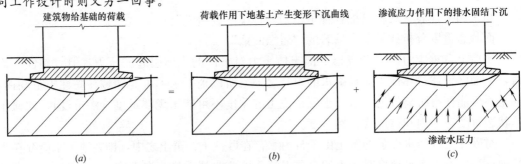

图 15-8 建筑物地基土沉降计算模拟简图

(a) 建筑物地基土的总沉降量；(b) 地基在外荷作用下产生地面变位下沉；
(c) 地基土在体应力作用下引起的渗流排水固结下沉

5. 孔隙水与孔隙水压力

土是由三相组成，即土颗粒、空气、水，土中水是裹在土颗粒孔隙之间，所以又称孔隙水。但是真正含义孔隙水，很多人是不清楚的，即使学过土力学这门学科对孔隙水的概念也是模糊不清，是因为土是有生命。

经常遇到一些工程技术人员误把孔隙水理解成地下水，以致对孔隙水压力一知半解，对孔隙水压力的特性知之甚少，对孔隙水压力的效应"知其然不知所以然"。

1）2009 年在温州同人欣园小区，基础采用机械钻孔灌注桩，在桩身混凝土浇灌后，桩顶普遍出现不停冒气、冒水产生气泡、气孔，直接影响桩身强度。

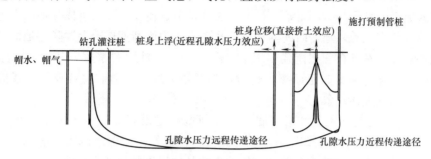

图 15-9　挤土效应及孔隙水压力传递示意图

为此，相关工程技术人员分析后有水泥质量问题之说、有水质问题之说、有成桩工艺问题之说、有地下沼气之说、有地下压力水之说等，众说纷纭、莫衷一是，不得不停工待查二个月之久。

后应温州市住建委工程技术处汤处长之邀，我于 2009 年 7 月 31 日现场实地考察与地质资料分析，在远离本工地数百米之外的工地正在施打大量的预应力管桩，我当即表态原因是打桩产生的孔隙水压力。如图 15-9 所示。

开始，我的论点难以被人接受，如此距离怎么还会有影响呢！但他们一直找不到其他能自圆其说的道理；事后，最终被大多数工程技术人员所接受。随着时间的推延，孔隙水压也就逐渐消退，问题也就解决了。

附：同人欣园工程钻孔灌注桩顶冒浆事故调查处理报告（详见附录6我的岩土之路）以飨读者。

挤土效应是研究桩打入地基土，把土体挤开，让桩体进入土体空间，这一交替变更过程，要土体移位，产生塑性变位，使原本土体的土颗粒其密度和相互位置的进行重新组合与调正，于是就引发了一系列效应，我们称之挤土效应。挤土效应严格地说应包括二部分，即移位挤土与孔隙水压力挤土。从能量守恒定理而论，把桩打入土体所做的功一部分用于克服桩周摩擦力，另一部分则储藏在土体内转换于孔隙水压力远程传递，使地面隆起。

2）在 20 世纪 80 年代温州旧城改造刚开始时，桩基取代天然地基，普遍采用振动沉管灌注桩，当时很多工程技术人员对软土地基挤土效应认识不足，只停留在感性认识，更不清楚这一孔隙水压力能远程传递、破坏、消散的效应。

有一宾馆改建工程，位于小巷路边路宽 10 多米，路对面是密布低层木柱、砖墙旧民宅，给基础施工带来难度。基础采用振动沉管灌注桩，桩长 25m，桩径 377mm。施工时已注意采用减振措施，并限制日打桩根数，注意信息化的观察，马路对面民宅没有发生墙面开裂的现象。但隔了几天远离桩基施工的 100 多米的内院后宅多家煤球炉灶漏气了，中堂地面出现开裂，不得不停止打桩，过了几天煤球炉不漏了，中堂石灰地坪裂缝又恢复密合。

3）在温州进入旧城全面改造高潮时，预制空心方桩进入建筑市场。一幢位于市区人民路高层建筑当建到三层时，一声巨响建筑物瞬间整体下沉了 50 多厘米。人们惊慌万分，以为是地震来了！事发时并没有意识到是挤土桩的孔隙水压力作祟。

因为，在软弱地基土的含水量高，打桩时会产生很大的孔隙水压力。这一孔隙水压力随着桩打入数量的累积与时间推延、逐渐增长并扩散、传递，随后桩体与地面土体一起隆出地坪。待桩基完工后，随着时间的推延，孔隙水压力逐渐消退，上述隆起地面又重新回落到原地坪。此时基桩在三层荷载作用下（图15-10），桩周的摩擦力开始由孔隙水压力引起的负摩擦力逐渐消退向正摩擦力过渡，当摩擦力经过零值的交替瞬间，基桩就会下滑，所以就会出现上述现象。

4）1984年在上海宝钢召开第一届全国"与城镇建设有关的岩土力学工程实例研讨会"，会上介绍一件趣事：宝钢厂区向东海跑去！已危及港区深水码头。虚惊一场，原来是施打大量的从日本进口的钢管桩引起的软土地基的挤土效应产生移位。

5）1983年温州平阳化工厂主厂房工程地基处理，采用带有预制桩头的沉管砂桩（桩径325mm、桩长10m），采用图15-11所示的砂桩布置。当砂桩施工的后期，由于场区软弱淤泥土的孔隙水压力的积聚，在沉管内灌砂后当把钢管上拔时，预制桩头随着钢管一起浮到地面，以至无法形成砂桩，可想而知孔隙水压力的能量之大。而后采用向钢管内灌水冲砂、加大砂土的重度阻止桩头上浮，才顺利完成所有砂桩施工。

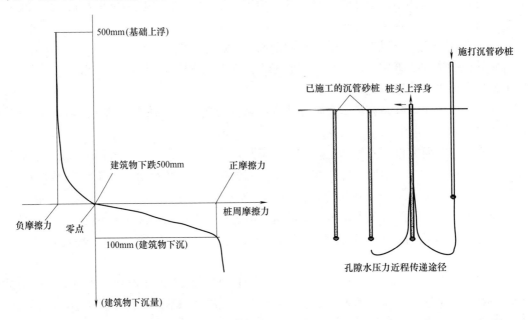

图15-10　建筑物突然下跌桩周摩擦力的突变示意图　　图15-11　沉管砂桩预制桩头上浮示意图

6. 地基土承载力

地基土承载力一词给人们一个很直观的概念，它是以每平方米承担多少吨来表示，就知道地基土好还是不好。就像买商品房一样用每平方米多少钱表示价位，人们就知道贵还是不贵。因此，用承载力表示土性，客观上被大家所欢迎与接受，而且，设计也较简便。

然而，须知采用这单一用承载力指标去设计，在软土地基工程设计中容易引起误区，甚至会造成很多工程弊端与事故，建筑物（构筑物）过度下沉、倾斜及裂缝，屡有所见。

用土的承载力指标来表示土性有很多不确定性，一它不是定值，二它不是土的本构力学指标，三它是随人而异。我们经常有遇到，同一工程地址，请了不同地勘察单位，所提供的数据与地基土的承载力特征值有很大的差异性，这就像单用价位表示居住条件一样是不全面的、不合理的。

为了克服承载力作设计的缺陷与误区，近年来作者提出了把承载力控制与沉降量控制，同时作为基础设计的必要与充分条件，简称为"双控设计"。

地基承载力有三种计算方法，原本简单的问题又复杂化了。作者不妨用图 15-12 所示的人力斗车上坡作比喻，来说明土的抗力 R 与荷载 G 的关系。

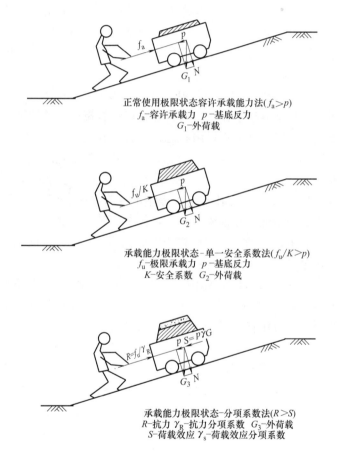

正常使用极限状态容许承载能力法($f_a > p$)
f_a—容许承载力　p—基底反力
G_1—外荷载

承载能力极限状态-单一安全系数法($f_u/K > p$)
f_u—极限承载力　p—基底反力
K—安全系数　G_2—外荷载

承载能力极限状态-分项系数法($R > S$)
R—抗力　γ_R—抗力分项系数　G_3—外荷载
S—荷载效应　γ_s—荷载效应分项系数

图 15-12　地基承载力状态示意图

（1）当斗车停在斜坡上，处在正常使用极限状态时（即斗车上重量是按正常的装载，此时，没有暴风、没有地震）；当推车人的推力（抗力 R）与斗车荷载下滑力（荷载效应 T）在斜面上处在静止极限平衡状态，此时，斗车上的载重（荷载 G）便是极限荷载。

只有当上坡推力（抗力 R）大于斗车的下滑力（荷载效应 T）就有可能斗车被推过山坡。为了确保斗车能安全通过山坡，以防止斗车过山体时可能出现各种不利因素，其中包括外因与内因如：推车人中途力气接不上（内因）与中途下暴雨坡滑、斗车积水或地震（外因）。所以必须有一容许的安全系数 K 除以抗力 R 求出容许抗力（承载力）P，保证斗车平安地通过山体。这就是容许承载力理论基本概念；也就是李广信教授比喻的中国人吃饭哲学。

（2）当斗车在斜坡上工作处在非正常状态（如特殊荷载作用下：地震力、台风荷载及斗车超载荷），此时，当斗车抗力 R 与荷载效应 S 处在平衡状态时，其作用斗车载重（荷载 G）就成了极限承载力，要使斗车通过山体，抗力 R 必须要大于斗车下滑力 T（S）。方有上坡的可能，为了确保斗车安全通过山体，要综合考虑上述各种可能发生不利因素同时存在，必须对抗力 R 予以折减，经概率统计分析取用 2.0 为安全。该方法是不考虑斗车载重的变化，是把它的变化归并在抗力的安全系数 2.0 之内。上述的就是承载力极限状态单一安全系数法的基本概念。也就是李广信教授比喻的美国人吃饭哲学。

（3）由于上述单一安全系数法的缺少考虑斗车荷载的自身的变化的特性，用安全概率上分析单一安全系数法可能会出现更大盲区（失事概率区），所以该方法是把斗车超荷载这一变化单独考虑，用大于1的荷载分项系数 S 计入，把原方法二中的抗力的单一安全系数 $K=2.0$ 值中分解出来，降低改为抗力分项系数 γ。

也就是说用荷载分项系数 S 与抗力分项系数 γ 二项取代单一安全系数 $K=2.0$，这样一改就成了承载力极限状态分项系数法，也就是李广信教授比喻的德国人吃饭哲学。

综上所述，方法一是以正常使用极限状态作考虑，其安全的储备量（安全系数）的取值，自然应该比方法二、三取值要大。因为，它的承载力确定是以正常状态，对非正常状态额外因素未作考虑。

方法二和方法三都是以同一极限工作状态作承载力平衡，仅是安全系数选用方法不同。从理论上说，方法一是建立在模糊数学上，简单直观；方法二、三是方法一的延伸与发展。从失事概率上分析，应当方法三比方法二更合理。但是，客观地说上述三种方法各有所长，实属难以定论，其合理选择计算方法是以实践作标准。

由于土的特殊性：现场试验与实验室指标差异、岩土本构与计算经验公式的差异、计算理论和方法的差异导致土的抗力 R 不确切性等因素，以及地层土与地下水不确切性。所以土的抗力计算与斗车过山坡的推力计算一样必须打折，才安全。

7. 疏桩基础与最佳桩容量

传统桩基设计，上部荷载全部由桩基承受，人们总以为桩越多，基础越牢固。就和饭越吃多身体越好，而不知道吃过多会肥胖、要得高血压一样。减少基桩设计就感到不安全。其实不然，位于温州人民路有三幢多层建设筑物，毗邻在一起，工程竣工后，奇迹出现了，其中少打桩 30% 的二幢（疏桩基础）反而比常规设计（桩基础）的沉降值要少（详见第 2.5 章）。

从宏观分析而言，桩打入地基土是加重地基土的负担，破坏土的本构，桩的承载力归根结底来自地基土的抗剪能力（一般应指摩擦桩），所以地基对打入桩也有个"度"的限制，就像人吃饭一样胃对饭量也有一个限度。对尤其在建于深厚软弱淤泥、淤泥质黏土地基，建筑物的沉降量不是桩越多，沉降越小，这就说明地基土存在着一个最佳的桩容量，对应这一桩容量建筑物沉降量最小。

8. 共同作用与相互作用

近年来共同作用一词在岩土工程中频频出现，这表明岩土技术的进步。表明了人们在处理岩土工程问题时，已开始从以往的平面分析走向整体空间分析。

但是人们在讨论桩、土共同作用时，往往容易忽视共同工作条件分析，缺乏概念性的分析。缺乏上部结构与下部基础部分的相互作用。

记得 2010 年，作者应邀参加"温州市市府大楼大厅墙面花岗岩贴面坠落"的专家讨论会。会议由设计方作了工程概况介绍，并参观现场、实地踏看，政府主持方发给了有关地质报告、事故后近半年多沉降观测资料、坠落部位结构图等。

一位专家分析了沉降资料，从沉降值与速率分析，说明基础已趋稳定，没有什么疑点可查，结论是与基础沉降无关。

有专家说是否是施工质量问题，我们查看了坠落花岗岩贴面钢骨架已随墙体变形扭曲，而钢骨架的质量是好的。

有专家说是否是温度应变造成的膨胀脱落，但细致观测没有膨胀脱落的迹象。

我的发言（以下是我回想当时的发言主要内容摘录）：

我的意见与刚才几位专家有点不同，现在分析工程问题，应从整体的共同作用来看：单独从沉降资料分析还不能判断与基础设计有无关系，是因为上部结构与基础的共同作用与相互作用的关系，虽然从沉降曲线分析是连续的，没有出现明显拐点。

事实上，在该区段地质下卧淤泥层远比其他区位要深，但基础桩基设计没有予以加强，光从桩的承载力虽然满足要求，但其该区段基础与上部结构相对刚度较弱，在上部结构与基础相互作用下导致墙体应力、应变过度，墙体变形而导致钢骨架扭曲引起贴面坠落。所以说与基础设计不到位是有关，但不是唯一原因。

因为建筑物完工后，基桩进入受力状态，土体开始承受剪力，此时，桩体与土体有个吻合期、土体自身本构有个恢复期，这就使上部结构有一个应力应变的释放期，如果避开了这一释放期，再行贴面，也许就没有上述的坠落故事了！所以共同作用是一个完整概念。不能简单地、孤立地去分析。

我在处理另一个项目工程桩基框架内填充墙开裂，也由于结构主体刚完工，建筑物室内地坪完好无损，说明与基础的沉降没有直接关系。分析原因同样也是建筑物框架结构还处在应力应变释放期，由于过早施工填充墙出现开裂，屡有所见（图 15-13）。

9. 边坡稳定与稳定边坡

边坡稳定是地基基础设计中的一个重要课

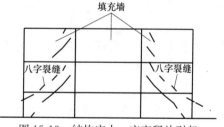

图 15-13 结构应力、应变释放引起填充墙及墙面砖开裂、脱落

题，在港湾码头、修造船坞、运河渠道、城市岸壁、基坑支护、滩涂围垦等工程都与边坡稳定相关。

1）记得约在 1970 年文革时期，我还在南京河海大学任教，参加淮河入江水道运河土坝建设劳动。

在一段数百米长的河道，把渠底的土挖出来堆筑河堤达十多米高程，并要求在几天功夫内完成。我们起早摸黑辛劳了一个多星期，河堤快要结顶完工，正准备喜庆的第二天一大早意外的奇迹出现了，数百米河堤一起坍塌！

指挥部急了，又召开动员大会，再次把土堤扶了起来，但没隔几天又坍塌了。权衡后，入淮工程指挥部决定请教我们河海大学老师，于是我们几位港工教研组教师在一起商量。但劳动现场一无资料可查，二无书本可翻，三无计算工具可用，在三无情况下要出一个不倒的堤坝方案，谈何容易！

其实也不难，因为从原有的土坝倾倒的现场，去循求它的滑动面踪迹，有了滑动面，我们反求绘出一个符合实际地质、又符合快剪施工条件的稳定河岸土坝体的剖面方案很快出来了！从原单坡坝体变为复式台阶坝体（图15-14），就这样一改土坝建成了，俗语说：失败是成功之母，坝体安然无恙结顶了。

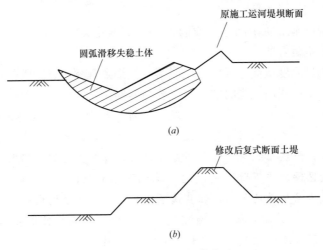

原施工运河堤坝断面

圆弧滑移失稳土体

(a)

修改后复式断面土堤

(b)

图 15-14 河岸土坝体失稳

(a) 坍塌土坝；(b) 修复后土坝

从这一故事可见没有科学理 论作基础，盲目蛮干做工程，肯定会失败。地基土是不听瞎指挥的，超过了它的承载力（抗剪强度）自然要塌倒在地休息。要使它再起来，就要按科学办事。

2）2007年6月30日我参加了一基坑滑移失稳的事故处理。温州洞头一个商贸城地下室工程，基础采用打入式管桩，由于该工程位于沿海深厚淤泥类的软弱地基，管桩施工破坏了原本未固结的围垦吹填土，当基坑开挖时，支护管桩连同坑底地面出现破裂滑动、部分桩体严重移位。后该房地产开发公司请了某某岩土公司作加固处理，用锚杆注浆加固隆起土体，事后再继续开挖。再次出现大面积管桩移位，又遇台风季节、情况紧迫。以下是我当年提出的处理方案与发言摘抄，以飨读者：

经我现场实地勘察，基本查明滑坡原因，该工程支护失事，客观上与采用管桩作基础设计欠妥外，原有支护设计没有考虑这一管桩施工的挤土效应，引起孔隙水效应，土的抗剪值选用过高与实际不符。

基坑滑移后采用加固措施不当，导致广场侧基坑围护结构的围护失败，而再次产生大面积滑移失稳及坑底局部涌土。应马上停止开挖，否则基桩损失更大甚至报废。

由于该工程基坑支护已趋于整体失稳定与破坏的前沿，势在必行。其治理办法不能以加固坑底以堵制滑，而是卸荷坑外土以疏制滑，堵与疏一字之差，却是截然不同的效果，具体做法如图15-15所示。在开挖时采用信息化施工，卸土区与待挖区要取得动态滑动平衡开挖。

这是一个成功实例，说明处理基坑事故，首要进行宏观的调控、动态的事故成因分析，找出滑动面踪迹分析，并以此作指导实施。

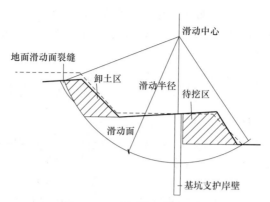

图 15-15　基坑稳定分析简图

10. 土力学经验与经验公式

老专家们指出：在岩土工程中，经验是不可取代的，计算不是万能的（引自李广信著的岩土工程 50 讲——岩坛漫话）。

但在实际工程设计中，必须对经验数据认真地、实事求是地、有分析地取用；也就是说，不能盲目地、生搬硬套、不加分析地取用。

由于岩土工程的复杂性，不可能完全用计算取代设计，于是就产生了计算以外的许多辅助措施，经验系数法是其中之一。但容易引起误区：一是制作者，二是使用者。所以双方必须持认真、负责的态度，辩证地对待经验。

论经验首先来自有经验者的实践，但此实践往往是带有地区性的，不具有普遍性，更不容许弄虚作假。规范制定的有关表格、参数、系数等用来调整方法与实际差距，而这种调整又直接依托经验，随着工程实践，随着经验的数据的积累，其系数也是有个相对的发展过程。

一次应邀参加温州江浜指挥部召开、发生在温州江浜路一座过河单跨公路桥质量事故分析会。该桥桥墩基础是采用泥浆护壁的机械钻孔灌注桩（桩长 20 多米，桩径 1000mm，桩端持力层为砂砾），桩基以端承力为主为摩擦端承桩。当施工桥面板吊入桥墩，快要完工的瞬间，路桥突然下沉 20 多厘米。

为此，该指挥部邀请了有关专家对其进行分析原因，首先从设计开始查数据，再查施工各工艺环节的程序与记录。由于一切都是按常规的、正常做法，一时难判断其原因。

最后我提出分析意见被大家所接受，以下是当时发言内容回忆：

由于本工程桩基是以端承力为主，属摩擦端承桩，桩端支承状况是直接影响设计单桩承载力与建筑物沉降，规范中规定灌注桩的桩端承载力取值的经验系数为 0.3～0.7；以往工程中均没有出现这一工程事故，其原因是以前的桩基工程，大多数是以摩擦力为主的端承摩擦桩，通常桩的长度较在 40～70m。取用承载力特征值是以 2.0 为安全度。因此，一般不论桩端支承状态如何与设计取用桩承载力系数大小，是不会（不易）发生上述工程事故。

但由于本工程是以端承力为主的摩擦端承桩，桩端支承状况是直接影响设计单桩承载力与建筑物的沉降量。一旦桩端施工实际沉渣超过规定范围，桩在荷载作用下，很快就超过了桩周的摩擦力极限值，桩身就会刺入沉渣而下沉，继而出现上述事故性破坏。所以对系数选择，因根据桩的实际受力特征去分析，不能盲目套用端承摩擦桩选用值。

其二是施工因素，虽然混凝土浇注前，桩底清渣按规定要求，但由于钻孔桩的质量与沉渣控制能以保证，是看不见摸不到的数据，虽当测定的沉渣少于 50mm 的要求，但却无法保证下钢筋笼时孔壁坠落碎渣与浮泥的沉淀沉渣。

仍然本次路桥下沉事故直接原因，是实际桩端沉渣量过大与取用承载力经验系数过高所致。

11. 土的抗剪值在工程中的选择

近年来作者多次参加支护工程失事讨论会联想到，支护工程虽已归属有资质单位的作设计，但是接触到的很多设计人员普遍存在对土工的抗剪值存在概念模糊，不善于分析工程地质报告或盲目地套用地质报告提供数据，也是造成工程失事或浪费的主要原因。

甚至什么是快剪值、什么是固结快剪值、又什么是固结慢剪值，知其然，不知所以然。有的只知道土工试验上的物理意义，而在实际工程支护设计与地基基础设计又如何作实际工程应用，往往由于缺乏基本的概念与缺乏工程实际经验，不知如何着手，莫衷一是。以下就此常见的工程问题作如下论述，供大家分享。

什么是土的抗剪值，在工程上通俗地说可以作如下描述：就是建筑物与土体本构整合过程中，在外荷载（外力）作用下，建筑物整体失稳时极限状态，沿着土体本构破裂面（剪切面）所产生的阻抗力（抗剪应力）的极限值。要了解抗剪值，首先必须了解抗剪值 τ 的函数 f 关系，并用式 $\tau = f$ 表示（土颗粒特性、土颗粒含量、排水固结条件、外力特性、加荷速率），以上述五项作主要函数分析。

这样的归纳有利于我们实际工程应用，但不是很全面，因为这一问题本身是一项复杂的自然现象。

现作如下剖析：

（1）从土的本构出发，在饱和状态时，由三相转为二相，即由土颗粒、水、空气转为颗粒、水；我们知道水分子是不能承受剪应力，抗剪应力是发生在土颗粒的剪切与颗粒表面的摩擦力。就土颗粒本身物理指标而论，砂性颗粒明显比黏土颗粒抗剪值大；二是土的抗剪值是与抗剪界面土颗粒含量百分率成正比（即与含水率 w 成反比）。这是土的自身抗剪内因条件即颗粒特性与剪切界面颗粒含量百分率及排水固结条件。

（2）要达到土的固结，必须具备固结条件。以哲学观点，外因通过内因作用才可能发生土的固结。我们知道，对完全的纯黏土而言，它几乎是不透水的，土工试验的固结快剪或固结慢剪，在实际工程没有具备固结排水内因条件时，就不存在土的上述土工指标。当黏性土含有砂性颗粒，如粉质黏土、砂质黏土时，此时，就可认为具备固结内因条件。

（3）对黏性土的孔隙水压力的效应要作实际分析，当孔隙水压力增长时，被颗粒包裹着水分子溢出颗粒表面，此时，在颗粒表面的抗剪值自然会下降，因为土的抗剪值来自于土颗粒的剪切阻抗力与颗粒表面的摩擦阻力，而孔隙水溢出犹如添加了滑动的润滑制。

对砂性土虽然具备固结内因，抗剪值一般较大，但一旦出现砂性土的液化，抗剪值近于零，是因为液化后的砂土，是以水作基体，剪切界面自然从最薄弱的水分子界面通过。

（4）外因条件则是外力沿着剪切破裂界面上的分力特性，其作用效应特性就是加载时效，对逐步、缓慢加荷工况，在加荷时段内继续固结。如果是一步到荷即瞬时加载，就没有再二次固结的时段。上述二种不同加荷的工况，反映在土工试验上就出现有固结快剪与固结慢剪之分。

通过以上的简单描述，再对照实际工程作分析：

（1）温州华侨饭店采用砂垫层作基础，开通了长年排水固结通路，应采用固结慢剪值验算地基承载力为合理。因此，砂垫层基础能提高地基土的承载力。

（2）淮河入江水道堤坝的整体滑动失稳，由于是人海兵团快速施工，即瞬间加荷，应采用快剪值验算堤坝稳定性。由于原先堤坝剖面设计，根本就没有快速加荷这一工况，而黏性土的快剪值很低，对选用指标值不作分析，是造成失事的主要原因。

（3）浙江平阳化工厂化肥仓库的大面积堆载工程，由于采用砂桩，使淤泥、黏土具备了排水固结内因条件，外荷载可以人为控制加荷速度率，在投产先期一、二年作了堆荷限制，使其达到缓慢堆载，所以在验算地基稳定采用固结慢剪值。如果使用要求一次性堆满，此时，应选用固结快剪值。

（4）洞头商贸城地下室支护事故，由于采用管桩施工，其挤土效应致使引发孔隙水压力增长，应当采用小于快剪值作稳定验算为合理，或作相应技术措施。由于在支护设计中没有考虑到管桩施工不利因素，是造成支护失事的主要原因。

（5）【工程实例 5】滨海污水处理地下工程，基础设计采用刚柔性复合桩基，不仅节约了工程造价，同时节约支护费用，只采用简单放坡处理。由于柔性水泥搅拌桩提高桩间土的抗剪强度，并在其抗剪界面增加了水泥搅拌桩，其抗剪值的选用可高于固结慢剪值，合理地应用复合抗剪值用支护稳定验算。

（6）上海某大厦整体倾倒，一是管桩不能提高抗剪值，它是脆性破坏。又由于挤土效应降低了土的自身抗剪值。如果采用钻孔灌注桩，情况就完全不同了，不仅加强了复合抗剪值，又不存在挤土效应引起对原状土的结构破坏。

（7）由于自然因素造成抗剪值的改变要作具体分析，例如风雨季节，当其抗渗止水的客体是具有透水性较强的砂质土或砂质黏土，在支护设计中，虽然按快剪值作设计，但渗流水动力作用下是另加外荷载，这本身必须考虑到防患于未然。它不同于永久性建筑物设计，设计的安全度不可能作最不利组合。所以要配合信息化施工，以节约工程造价。

纵观上述案例分析，由于加荷方式（快速、慢速、中速）不同，土体本构（砂土、黏土、砂质黏土、黄土等）不同，边界条件不同（排水固结条件、黏性土的孔隙水压力、砂性土的液化、自然因素）等诸多因素，必须针对具体工程作具体分析，不能盲目套用地质报告资料，要学分析与剖析，方能达到预期目的，才能做到合理选择土工抗剪指标值。

12. 土力学信心危机

俞调梅教授指出"土力学的信心危机"[55]就是对某些比较重要的理论发展与延伸，其中难免会有繁琐的、强词夺理的、错误的，这些可能被列入教科书、手册和规范中，因为具有权威性。联想到陈仲颐等编著[56]的《土力学》第二章有关土的渗透性中的渗流中的总水头与水力坡降，存在若干问题提出来供商榷。

（1）U_A、U_B——分别为 A 点与 B 点的水压力，在土力学中称为孔隙水压力，故称 U/γ_W 压力水头。

我们知道渗流是水在土中流动，此时，水应指地下的自由水，重力能起作用，能从高水位向低水位流动。不是常规概念中土的本构中的孔隙水，因此，不能命为孔隙水压力。否则就容易混淆渗流的地下水（自由水）与土体本构中的孔隙水（不自由水），更不能把渗流中的自由水理解为土体本构中的孔隙水，因为孔隙水被土颗粒所包裹着，是不自由的、重力不能使土的本构中的孔隙水从高水头向低水头流动。

（2）渗流中的位置、压力与总水头图[56]，其中图上有很多没有表述清楚的概念；

1）A 点的流速与 B 点流速是不同的，应该分别用 V_A 与 V_B 注明，其中箭头符号也没有交代清楚，仅指渗流水流方向，还是指渗流速度大小。

2）图面上水力坡度与测管两端水位是虚拟的。该部分土层用不透水层表示为清楚。

3）所取的渗流单元也不够合适，应该把这一部分用透水层表示渗流更能说明问题，同时应该说明 A、B 二点特征。即沿经流向 A 处取"水质点 $A^{\#}$"流向 B 处位置的（水质点 $A^{\#}$）为同一水质点作讨论，而不应是取流向上任意两点，否则容易出现概念性错误。

4）插入虚拟单元的测压管入水口应表明方向，测压管进水口应朝向水流方向，测得的水头包括了动力水头的水柱高度（反之测得可视为静力水头）。

5）关于流速水头（$V^2/2g$）项，书中指出由渗流流速很小，不予考虑，用静水位来表示，不具有普遍性，这样解述有以下缺陷；

① 对于管涌、流砂、泥石流、甚至山洪暴发（也应归属渗流）其流速是很大的，这时就不能忽略。

② 忽视流速水头，就不能解析渗流的动水引起的起砂（土）运动的各种自然现象。

③ 用虚拟 0-0 作基准面，表示总水头，容易引起误导。它不是真实存在的能量（位能）。更不能用位置水头去同流速水头（$V^2/2g$）项量值作比较。合理的基准面宜设在低处 B 点或最低水位（虚拟 0-0 基准面），才能比较各项能量的数值。否则，随意选定当把 0-0 设在地球中心点，位置水头可以无限大，从而会导致错误结论。

鉴于以上的分析，为此，作者试图把原图作了完善，绘出一般性的渗流总能量沿程变化示意图（图 15-16）供商讨。

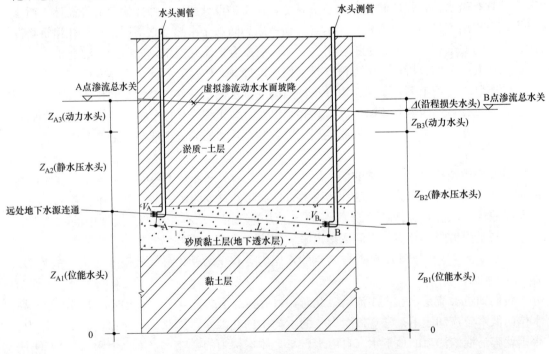

图 15-16　渗流（管涌）水头能量沿程变化示意图

（3）李广信教授《岩土工程 50 讲》[32] 把陈仲颐等编著《土力学》[56] 的渗透力概念，作了改进的描述，但还有几点商榷问题，作者改用图 15-17 表示。

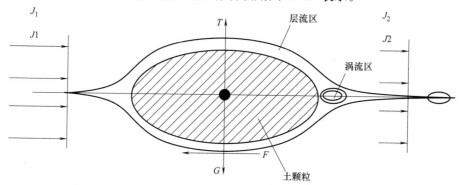

图 15-17　渗流水动力作用下起砂示意图

J_1—迎水面渗流动水压力（正）；J_2—背水面渗流动水压力（负）；T—土颗粒浮力（正）；

G—土颗粒自重（负）；f—土颗粒之间的摩擦力系数；起砂平衡方程式：$J=(J_1+J_2)>F=[f(G-T)]$

1）渗流就是渗流水动力作用下，把颗粒（砂）启动，必须引入河床动力学的起砂理论，该项模拟图中没有表示颗粒的自重 G，只表示水的浮力 T（排开水容量体积重量）；二没有清楚表示渗流水压力总量为 $J=J_1+J_2$。迎水面的动水力 J_1 为正值，背水面产生涡流（是水头损失之一）动水力 J_2 应为负值，所以渗流动水力总量为 $J=J_1+J_2$。

2）同时应表示起砂运动的平衡方程式即 $J>f\times(G-T)$。其中 f 为土颗粒与土颗粒及渗流水之间的摩擦阻力系数。这就把图示的物理意义表述清楚了。

15.3　结语

作者在长期的软土地基第一线工程实践中，悟出了"生命土力学"。所谓"生命土力学"，就是把工程与有生命的土体整合在一起，从弹性力学与土力学相结合，研究工程结构与土体本构整合过程相互作用及土的生命体征（应力与应变、蠕变）的力学特性。"生命土力学"实质上就是学科鼻祖 Terzaghi 再三强调过的"活的土力学"的具体应用。

如果没有用哲学的思想与观点来看待岩土工程，许多工程问题将难以理解，土力学也就不可能持续发展。因此，我们同样要用哲学的发展观来研究土力学。否则土力学就会僵化、呆板、甚至越来越"土"。或者被人炒得越来越"神"。

我们从上述岩土工程案例趣谈，可见一斑。就是人在改造自然时，一定要顺其自然，要知其然，又知其所以然。所谓"生命土力学"其实就是一门研究"顺其自然"的有生命体征的土体本构力学。在某种意义上说，研究土（地）力学的难度并不亚于航天动力学，是人类"改天换地"与"顶天立地"的二门学科，可谓不是高科技的高科技。

第16章 感悟地下工程设计

16.1 引言

针对目前工程界对淤泥、黏土水文地质条件下，对地下水的蕴藏及其浮托力等存有不确切的认识，不论在何种水文地质条件与施工开挖方式，均作抗浮设计；为了"安全"把抗浮设计水位设在±0.00标高或室外标高[37]；设置了大量的抗拔桩与配置大量钢筋。面临我国大规模地下工程崛起，不得不重新审视这些做法。

本章过工程案例分析与论证、阐明基坑支护既有作用，苏醒利用基坑的挡土、挡水的功能与地下构筑物共同作用作抗浮、设防设计，可以减少很多抗拔桩、可以减少外墙及板底钢筋、可以深层截揽基底下地基土徐变隆起。本共同作用的计算简图；具有概念清晰、理论先进、节能生效的优势；为区别于现行抗浮设计名它为"温州模式抗浮计算简图"。

"共同作用"一词近年来随着工程技术发展与计算技术提高，频频出现在很多的工程结构计算简图上：有上部结构与基础（下部结构）的共同作用；有基础与地基的共同作用；有桩基与地基的共同作用。随着桩、土共同作用理论发展与工程实践，出现了复合地基，复合桩基等基础类型。

随着地下空间的大发展，地下工程的共同作用设计理念应该提到设计工作者的议事日程。其中，尤其重要的是地下工程基坑支护结构，所投入的费用占工程总价比例甚大，但发挥的期限只限于施工期，这分明是一种浪费。如果我们采取工程措施，持续发挥基坑支护的功能并延续为工程使用期服务，使支护结构成为永久性并与地下工程本构相结合共同发挥挡土、挡水的功能，可大大节省工程造价。

16.2 "共同作用"的内涵释义

共同作用实质上包括了相互作用，有正效应与负效应之分。作为工程设计人员是如何有效发挥共同作用的正能量避免负效应，是设计工作者的责任与水平。现引用本书第11章，一幢卧置在均质地基上的等高、等宽、等开间的砖混结构设计为例，由于地基土的性状差异，即所采用的边界条件（地基）不同，竟出现三种完全不同的受力状况与变形特征[2]。

（1）按平面设计理论假定（适用于基岩土地基）：认为地基反力是与上部传来荷载是等量均匀分布；地基反力呈均匀直线分布，建筑物纵向不发生变形与内力；也就是说不会出现纵向裂缝。

（2）按弹性半无限体假定（适用于黏性土地基）地基反力两侧大中间小为马鞍形分布，反力向边缘集中建筑物呈正向挠曲，当形变超过了墙体的抗拉强度，就导致外墙出现外八字开裂。

（3）按基床系数温克尔假定（适用于砂性土地基）地基反力两侧小中间大为抛物线分

布，建筑物呈反向挠曲，当形变超过了墙体的抗拉强度就出现内八字开裂。

从上简单分析可见（1）平面设计理论的属限性，是它离开了建筑物的边界条件的分析，一般只适用于基岩地基。由于离开了与地基共同作用的机理分析，其结果与（2）或（3）是完全不同。由于（2）与（3）考虑了上部结构与地基土的共同作用这一特征，客观地反映建筑物纵向变形特性。就可以采取措施预防建筑物的纵向裂缝开展，这就是共同作用的内涵与意义。

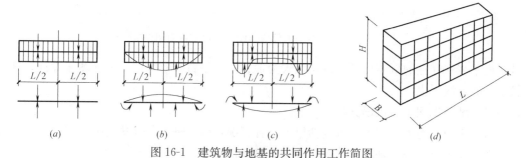

图 16-1　建筑物与地基的共同作用工作简图

（a）基岩地基反力分布；（b）砂性土地基反力分布图；（c）黏性土地基反力分布；（d）建筑物模拟示意图

16.3　现行地下工程的抗浮设计几个商讨问题

16.3.1　现行的地下抗浮水位的确定

从上可见不同的边界条件，反映了建筑物的互不相同的共同作用内涵。对地下工程而言，要比地上建筑物复杂得多，是因为地下工程的边界条件复杂性（水文地质特性、基坑开挖与支护特性、地面水经流特性），使抗浮设计简图困扰了设计工作者，甚至产生以下做法：

（1）不分何种水文地质条件：基岩地基（不透水）、黏性土地基（弱透水）、砂性土地基（强透水）。

（2）不分何种施工开挖条件：大开挖、基坑支护开挖、混合开挖。

（3）不分何种原因上浮：地下水引发上浮、地面水倒灌引发上浮、软土基坑徐变隆起引发上浮。

均把抗浮设计水位设定在±0.00 标高，按"满水位"作抗浮设计；并单纯用抗拔桩作抗御水的浮力按图 16-2 所示作虚拟设计；按船泊浮在水面作机理分析，即把大地视为大海；把地下室视为海船，抗拔桩视作锚索；按结构力学中的纯拉杆构件去配置抗拔桩钢筋；底板与外墙均按满水位计算结构受力。并进一步假定：是地下室的外周与土的摩擦力是不予计算的。

显而易见，此一计算简图是没有考虑边界条件，更没有按共同作用作设计工况；如同上述的地基反力按平面理论作直线分布作假定。然而在淤泥、黏土水文地质条件下，在温州几乎十个基坑九个开挖是干燥的，施工期不需采取井点降水措施。如此计算简图离事实甚远，以满水位作抗浮设计，不仅导致地下工程设置大量的抗拔桩，而且底板、外墙壁配置大量的钢筋，造成资源的浪费。

应根据区域水文地质提供有依据的、可靠的数据。评价地下水对结构的上浮作用时，宜通过专项研究确定抗浮设防水位[59]。所以，要提出地下工程的共同作用这一设计理念，

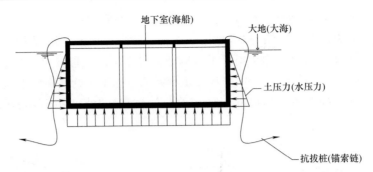

图 16-2　地下工程抗浮设计模拟工作简图

是立足于客观存在的事实分析；以避免人为地、一切不符合实际的计算简图作设计，这一状态不能继续下去。

16.3.2　地下工程上浮机理分析

从广义而论地下工程上浮可概括以下三种工况：（1）地下水引发上浮；（2）地面径流水倒灌引发上浮；（3）基坑土体徐变隆起失稳上浮。

在淤泥、黏土水文地质条件下作抗浮设计，实质上淤泥、黏土是不透水（弱透水）的隔水层；地下水的浮托力是很微弱的。只有在地下室埋深范围内及一定埋置深度时，存有夹砂透水层，才有地下水的问题。引发地下工程上浮的一般不是来自淤泥、黏土内的自由水（地下水）；而是基坑开挖地下室外墙（有人称为肥槽）的回填土成了透水层，是地面水倒灌成了地下水而引发上浮。

由于地下室外墙与基坑支护壁之间的石渣土回填，及基础底部碎石灌砂作垫层这就形成了水的通路；特别在雨季地面水的径流与地表孔隙潜水便乘虚而入引发地下室上浮。

地面水倒灌引发地下工程上浮则是另一类的地下工程上浮问题；不一定用抗拔桩去防御地面水的浮托力。当今采用支护结构与地下室外墙壁之间间隙只有一米多空间，不同以往大面积开挖作基坑；地面水的倒灌完全可以采取阻挡截揽措施。

16.3.3　关于淤泥、黏土水文地质条件下的地下水的来源、流动的探讨

1. 地下水的来源

（1）孔隙潜水：是一种浅层的游离水，它潜藏在地表浅层的素填土内孔隙中，所以称

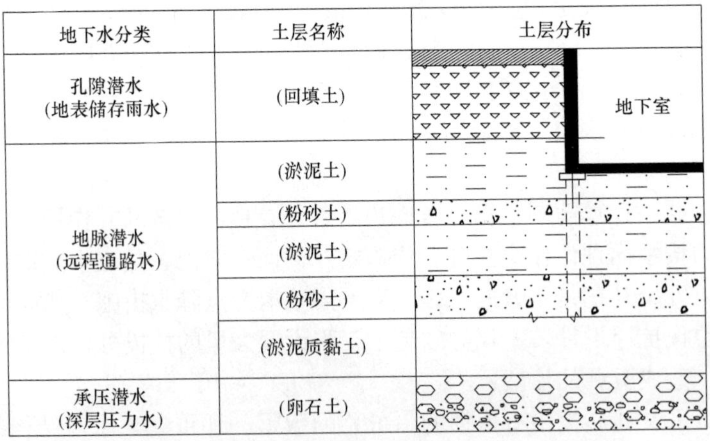

地下水分类	土层名称	土层分布
孔隙潜水 （地表储存雨水）	（回填土）	地下室
地脉潜水 （远程通路水）	（淤泥土）	
	（粉砂土）	
	（淤泥土）	
	（粉砂土）	
	（淤泥质黏土）	
承压潜水 （深层压力水）	（卵石土）	

图 16-3　地下水的储蓄示意图

为孔隙潜水。其特性是游离状是与一般河水没有什么区别，到处流动，随大气蒸发、水量贫乏、靠雨水补给，一般埋深为地坪下 1～2m 左右；常存在上层回填土。

（2）地脉潜水：是一种夹在淤泥、黏土层之间透水层（夹砂层、粉砂层、细砂层等）中的自由水，该透水层（俗称地脉）是地下水的主要通道。水源一般来自于远程游离水，从地脉潜水而来；如同连通管原理，其水头压力取决于源发地的水源（河流、大海、水库、水塘等）水头与沿程损失，其埋深随场区而异。

（3）承压潜水：是一种深层压力水，一般在温州埋深在地下 60～70m 深处卵石层，一般距离地下工程甚远，一旦给予它通路就会上涌而出。

2. 地下水的流动

要使自由水入侵地下室的界面，首先要知道水是在土中是怎样流动的，关于水在土中流动之说，在第 15 章案例趣谈有关渗流与管涌已作论述。

16.4 地下工程抗浮设计案例剖析

16.4.1 工程概况

该项目系温州某某安置房工程建于深厚的淤泥、黏土地质条件，地质剖面见图 16-4 所示。地表回填土约 2m，淤泥层约 25m、黏土、粉质黏土等约 40 余米，下为圆砾、基岩。地质资料表明不存有夹砂等地下透水层。

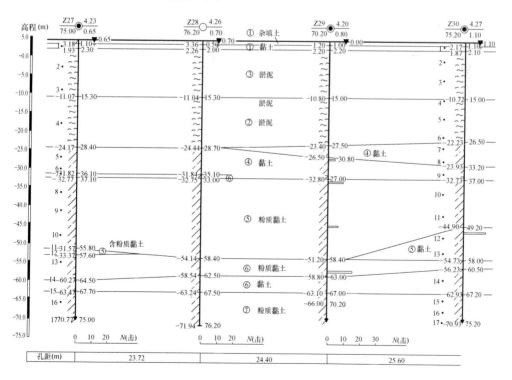

图 16-4　地质分层剖面示意图

该工程有二层地下停车库，地下室抗浮验算是按图 16-2 所示计算简图作抗浮设计，基础平面桩位见图 16-5。抗浮水位设定室外地面标高。地下工程柱距 7.5m×8.0m，地下室底板标高为 -9.10，基础底板厚 600mm，配 $\phi20@150×150$ 双向双层。抗拔桩每承台设 3 根，桩径 $\phi=700$、桩长 $L=60m$、配 $17\phi22$ 通长筋，$\phi8@250$（单桩承载力抗压 $R_k=1800kN$。抗拔力 $R_k=1200kN$）每平方米扣除自重上浮力按 50MP。

16.4.2 抗浮设计依据

根据地质报告揭示：

（1）孔隙潜水赋水介质为黏土、淤泥，水量贫乏，水径流条件差，受大气降水补给，排泄以蒸发，侧向排水为主，水量贫乏。勘察期间观测得孔隙潜水初见水位及孔隙潜水静止水位埋深为 0.30～1.50m，水位高程为 2.75～4.15m。

（2）勘察期间观测到地下水位埋藏较浅，地下潜水水位为 0.30～1.50m，因此地下室存在上浮问题，应进行抗浮验算。

16.4.3 地质报告存在问题的剖析

（1）对"孔隙潜水"存在定义模糊、概念不清表述。所谓孔隙潜水系指潜藏在土体之间空隙的自由水，一般赋水介质应为上部不密实的回填土或夹砂、粉砂、细砂的淤泥、黏土层之间空隙（又可称地脉）。在纯淤泥、黏土层不可存有孔隙潜水。土体中的孔隙水是土体本构组成部分，也不可能从自然状态中渗漏出去成为自由水。

（2）地勘钻孔中淤泥层内出现的地下水，不是来自淤泥、黏土。因为勘测地下水未能把地面径流水、地表孔隙潜水与地脉潜水实施分流测定，误把蕴藏在钻孔中出现的水当成地下水。

（3）对照《建筑地基基础设计规范》GB 50007—2012 第 3.0.2-6 条规定：当地下水埋藏较浅，建筑地下室或地下构筑物存在上浮问题时，尚应进行抗浮验算。而事实上地下水埋藏较浅，只存在回填土内孔隙潜水，以下为不透水的淤泥、黏土层是隔水层，即上部浅层有水，下部是无水的隔水层，显然按此条文作推理作抗浮设计是一个误导。

上述地勘报告这一错误，得出了该工程必须作满水位的抗浮设计。作者于 2013 年 6 月 1 日与该工程勘察院副总就黏性地质条件的地下水交换了意见，同意对地勘报告作修改。但由于现行勘测没有实施分流测定，也就无法真实反映定地下水的标高。应该从勘测地下水着手，方能揭开淤泥、黏土层是否有含水层。

16.4.4 地下水的基本特征与定义

这是一个非常重要的概念问题，确切地说，地下水具有以下三大特征：（1）是自由的、流动的水；（2）是重力对它能起作用，有水头压力的水；（3）有储存地下水的运动空间，而不是死水一潭。

但一些文献对结构浮力计算，同样存在上述的概念性问题，提出来供商榷与探讨：

（1）有的误把土的孔隙水压力当作地下水压力，并认为孔隙水压力的取值应与抗浮水位相对应；事实上孔隙水压力的含义与地下水产生的水压力是不同概念，而且，对黏性土由于没有储藏自由水的空间，因此不可能与地下自由水相连通。在静止状态下其孔隙水压力通常等于零。上述介绍的挤土效应，引起的孔隙水压力能远距离的传递，是由于水虽然不能承担剪应力，但却能承担法向应力，并且可以通过连通的孔隙水传递，这部分水压力称为"孔隙水压力"。

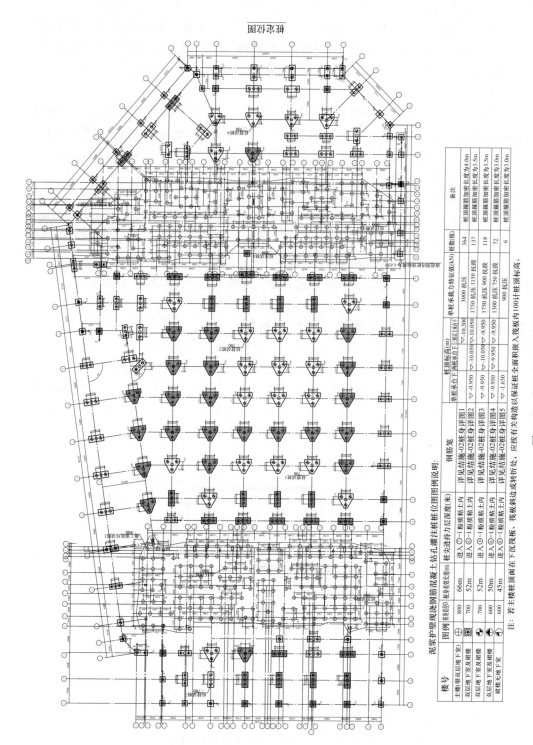

图 16-5　基础抗拔布置图

注：若主楼桩顶顶面在下沉底板、筏板斜边边面积嵌入保证造以保证构造有关嵌入保内有嵌入保证以保证造有关构造100计桩顶标高。

从上定义可见："孔隙水"是土的含水量部分，蕴藏在土体本构孔隙内的水，被土颗粒包裹着的、是不自由的、重力作用下不可能在自然状态下排出成为自由水引发水压力；所以用孔隙水来叙地下水容易混淆土力学的基本定义，只能导致概念上模糊、表述上不清。如果说按上述的推理，把黏性土的孔隙水理解地下水；把孔隙水压力理解地下水压力，那会导致事实上的错误。淤泥、黏土的含水量高达 60％～70％，但地下水近于零。所以不能用孔隙水的概念去讨论地下水。

（2）确定地下水的浮托力作用于地下建筑物的顶、底板及外周墙的水头压力应根据建筑物实际的情况及施工的方式、所处的地质条件等，应作具体分析，也就是通常说的边界条件分析。当地下工程采用开挖施工，此时作用于结构顶、底板所受的压力差应包括水压力与顶板上部所受的回填土的压力（土的自重）。当地下工程所处的水文地质不同，例如砂性地基与淤泥质地基其作用的水压力则是截然不同的。

所以要作边界条件分析，采用不同施工方式与水文地质条件，作用顶、底板荷载就不同；离开了具体边界条件来分析，作结构抗浮力计算是徒劳的。

（3）在淤泥、黏土地质条件的地下工程，针对无水基坑、地下工程却作充满水的工况设计，是理论上解释不通、概念上模糊不清、事实上造成损失，必须重新审视。

16.5 基坑支护结构与地下本构共同作用剖析

当我们采取工程手段，把基坑支护结构的支撑系统拆除后，转换于由地下工程自身结构去承担，便构筑成"永久性的抗渗止水幕墙结构"（图 16-6）。此时，地下构筑物就与支护结构组合在一起，并按共同作用作设计工况，就能阻断地面水、地下水入侵。就起着

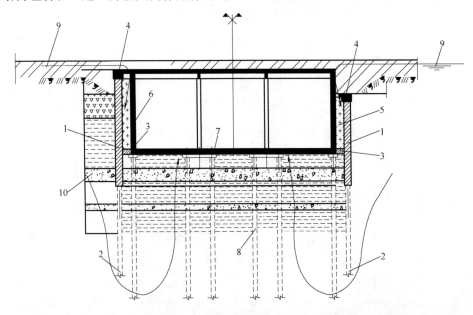

图 16-6 基坑支护与地下工程本构共同作用示意工作图

1—幕墙；2—抗力构件（兼抗拔桩）；3—传力带（下支座）；4—顶帽梁封口（上支座）；

5—黏性土回填；6—外墙；7—底板；8—抗拔桩；9—地面径流水；10—地脉潜水

明显的工程效益与经济效益。以下对计算简图作简要的分析：

（1）支护结构 1、2 的支撑支座 3、4 与地下室的侧壁 6 组成的复合挡土墙。此时，由回填土 5 引起的土压力，其值是按谷仓压力去计算，外墙壁引起的内力得以很大的减少。

（2）由于延续了地下支护结构 1、2 的止水、挡土的功能。阻断地脉潜水 10 入侵，从而可减少抗拔桩 8 数量与底板 7 的配筋率。

（3）由于上部的支护帽梁 4 与地下外墙 6 整浇一起，直接阻断了地面水 9 从外墙壁后面的倒灌入侵。

（4）由于抗力构件 2 不仅起着支护功能；同时起着抗拔桩作用；而且四周的围护体系 1、2 能深层截揽基坑下软土的徐变、流变引起的基底隆起上浮；达到一桩三用的功能效益。

从上述四项分析可见地下工程共同作用的抗浮设计计算简图；具有概念清晰、理论先进、节能生效的优势。为区别于现行抗浮设计命它为"温州模式抗浮计算简图"。

综上所述，把地下工程结构与土体本构整合过程作系统成因分析。如果我们能有效阻断地面水、地下水入侵就可以实施以设防为主、抗防为辅；设防与抗浮相结合。把基坑支护结构与地下工程本构相结合构成"永久性的基坑支护结构"，并按共同作用作工况设计，是一项建筑重要节能技术，能节约大量的资金与工程造价。

我们期待着更多的开发商与公益项目得以采纳应用，为社会节省资源是本书作者的原意并以此文以飨读者。

后记：上述工程案例仍按现行满水位用抗拔桩作抗浮设计，作者虽经几翻努力；最终由于原设计单位怕风险，未能配合实施感到遗憾，业主只得放弃这一举措；如改用本章的永久性支护按共同工作工况作设计，至少可以节省 3000 余万造价。本书提出的新思路，还要更多志同道合者共同去实践、去呵护它！也是作者的心愿。

第17章　岩土工程"共同作用"的理论与思考

本章根据疏桩基础与有关岩土工程共同作用这一机理出发，通过天然地基接触应力与地下工程抗浮水位的确定，论述"共同作用"的基本概念与内涵。

通过基坑支护结构与地下本构共同作用剖析和围海造地的基础、地坪的综合处理技术的的共同工作，叙述如何发挥共同作用的正能量，避免负效应。并倡导岩土工程的计算简图作共同作用的系统成因分析，提出以边界条件、平衡条件、变位条件作通解。

17.1　引言

始于1987年作者倡导了"疏桩基础"[1]，疏桩基础的本质就是建立在桩、土"共同作用"的理论。常规概念的群桩基础与疏桩基础的共同工作性状是不一样的，它表现为承载力的相互衰减，沉降量的重叠加大。以高层建筑抗力核心体系的桩基础而论，合理的桩位布置与计算简图就显得十分重要。如何发挥共同作用的正能量避免负效应，这就成了岩土工作者的职责与研究重点。

"共同作用"的理论发展，实践证明是解决岩土工程的重要方法。如何发掘岩土工程中共同作用的对立面双方（或称一分为二），使之达到对立面的统一，这就成了岩土工程的哲学理论。

随着我国工程技术的突飞猛进，需要我们进一步把理论土力学应用于实际工程，发展于工程实用土力学。也就是太沙基所论述的"土力学是工程需求的产物是从实践中产生"。因此，可认为工程土力学与理论土力学的本质区别是工程土力学是随着时代和工程实践而不断地发展、更新与完善。

尤其，当今我国前所未有的大规模岩土工程实践，给实用土力学注以新鲜内容是必然趋势。作者根据几十年的工程实践，悟出以"共同作用"作工程实践的机理分析，把土力学与工程结构作吻合的"共同作用"设计其中包括：

（1）把系统成因的分析与机理作为岩土工程的最基本哲学理论，包括了有效应力原理、饱和土固结理论、土体极限平衡理论。

（2）把弹（塑）性力学与理论土力学相结合做计算简图的边界条件、平衡条件、变位条件的通解分析。

（3）以"共同作用"作计算简图设计，具有合理性、先进性、科学性，简称为"三性"。作为工程设计的准则。

纵观许多工程失事与浪费，都是由于计算简图缺乏周密考虑所致。所以应该把计算简图的"三性"作为岩土工程设计的强制性条文与图审工作的首要条件。

近年来"共同作用"一词频频出现岩土工程中，这表明岩土工程技术在进步，出现了地基与加固体（桩体）的共同作用，桩基与桩间土（复合体）的共同作用，因而，出现了复合地基和复合桩基等基础形式。在结构上出现了上部结构与地基基础的共同作用。但是，真正意义上的以共同作用来作计算简图设计，离现实还有很大的距离，还需我们继续努力。以下就有关问题作探讨与思考。

17.2　共同作用的原理

所谓共同作用，确切地说，就是研究建筑物（构筑物）与岩土整合过程的系统成因分析的机理，而建立起来的工程计算简图。通常应包括以下三个条件所建立起来的通解，即

（1）边界条件：指建筑物（构筑物）坐落的地基的水文、地质条件与施工条件等工况。

（2）平衡条件：指建筑物（构筑物）承受的外荷、自重能力条件与极限受力状态等工况。

（3）变位条件：指建筑物（构筑物）自身刚度、变形特性与极限变位状态及稳定分析工况。

统解：指按上述三个条件所确定建立起来的方程（工况）的计算简图的求解或工程推理、判断。

17.2.1　例举 1

图 16-1 所示为一幢等高、等开间的砖混结构建筑物，由于坐落在不同地基上，却出现完全不同分布的接触应力与变形特征。

（1）当坐落在基岩地基上，其地基的反力表现为直线分布，基础不发生弯曲形变。

（2）当坐落在砂性地基上，其地基的反力表现为抛物线分布，基础为反向弯曲。

（3）当坐落在黏性地基上，其地基反力表现为马鞍形分布，基础为正向弯曲。

上述介绍的三类不同地基，是建立在结构与地基共同作用的计算简图上，就是根据建筑物与地基共同作用所建立的边界条件、平衡条件、变位条件的统解分析求得解答。把经典土力学与弹性力学作吻合协调的共同设计。

对建于软弱淤泥、黏土地基的建筑物，常见的三大工程弊端即纵向怕裂、横向怕倾、竖向怕沉，作者把它归为"三怕"。就是以共同作用作计算简图所提出的。如果离开了"共同作用"的基本分析，就无法解释三大工程弊端及提出的防治措施。如果延续平面设计理论，不作边界条件分析，人为地设定地基反力作直线分布，建筑物就不会发生纵向弯曲也就不会出现裂缝。从而可能导致概念性的错误，认为建筑物出现裂缝都是地基不均造成的，而这一结论往往常见于一些教材，这就是共同作用内涵所在。

17.2.2　例举 2

图 17-1 示一个完全相同的地下构筑物，由于坐落在不同水文地质条件，却出现完全不同的抗浮设计水位[74]。

（1）当坐落在没有断裂的基岩水文件地质上，属不透水的水文地质。地下水无法入侵地下室外围，此时，就没有地下水的储存空间，所以，不需作"抗浮设计"。

（2）当坐落在砂性土水文地质，属强透水性水文地质，地下水自然入侵地下构筑物外围，并与外界地下水源相连通，所以，必须作"抗浮设计"。

（3）当坐落在黏性土水文地质，属弱透水或不透水水文地质，地下水能否入侵地下室外围，要作具体分析，如果地质有夹砂的透水层存在，则根据渗流特性作具体分析确定地

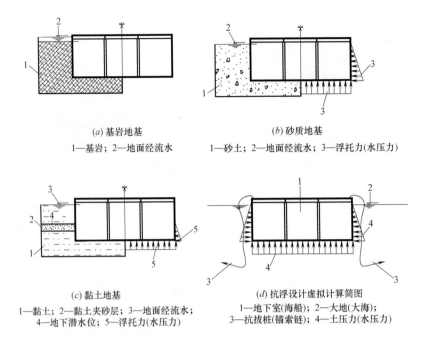

(a) 基岩地基
1—基岩；2—地面经流水

(b) 砂质地基
1—砂土；2—地面经流水；3—浮托力（水压力）

(c) 黏土地基
1—黏土；2—黏土夹砂层；3—地面经流水；
4—地下潜水位；5—浮托力（水压力）

(d) 抗浮设计虚拟计算简图
1—地下室（海船）；2—大地（大海）；
3—抗拔桩（锚索链）；4—土压力（水压力）

图 17-1　地下建筑物与地下水的共同作用工作简图

下水的状况，通常需作"设防设计"。

上述介绍的三类不同水文地质条件，作边界条件的分析而建立起的计算简图，地下工程的抗浮设计水位却是完全不同；这就与例举 1 所论证"共同作用"内涵一致。然而，当地下工程的外墙的回填土不作处理或封闭，例如当采用石渣、乱片石回填，地面经流水自然从墙后趁虚入侵，而引发上浮。此时，地下工程的抗浮设计水位就与所处的地质水质条件无关。显然，这种不作防御措施，让地面水自由入侵成为地下水引起的起浮，是抗浮设计的负面效应，应采取积极防御措施，而不应用抗拔桩作抗浮，否则，就造成工程浪费是一种消极的方法，是不值得提倡。

而当今采取支护的措施与以往大面积开挖施工是完全不一样的，是可以采用阻抗措施，防止地面水从墙后倒灌引发起浮。然而至今，地下工程抗浮设计，在工程界仍然较多延续不作边界条件剖析[58]，不分何水文地质条件（基岩土地质、砂性土地质、黏性土地质），不分何种开挖方式（支护开挖、放坡大开挖、混合开挖）与何种原因起浮（地下水引发起浮、地面水倒灌引发起浮、基坑地基土失稳引发起浮），均设定 ±0.00 标高作抗浮设计，显然是没有考虑地下工程的"共同作用"这一理念。

尽管如此，并非所有情况是安全的，因为地下工程与地下水的作用是复杂的[60]决定地下水的抗浮水位需要专项论证[59]。

以温州为例，地处淤泥、黏土水文地质条件，却面对无水基坑（十个基坑九个是无水的），仍然按图 17-1 (d) 所示作抗浮计算简图。把基坑视作充满着水的汪洋大海，把地下室视为海船，把大地视为大海，把锚索视为抗拔桩，进一步认定地下室侧壁是光滑的且没有摩擦力存在。以此作抗浮设计简图，则需要设置大量的抗拔桩与大量的钢筋涌向地下室。这分明是一种潜在的浪费或者可以说是一种失职。从根本上说，是没有按"共同作用"作计算简图的设计，从 16.4 地下工程抗浮设计案例剖析。

图 16-5 基础抗拔布置图系温州某工程的二层地下停车库，按现行的规范作抗浮设计，抗浮水位设定室外地面标高，地下工程柱距 7.5m×8.0m；地下室底板标高为－9.10；基础底板厚 600，配 $\phi20@150×150$ 双向双层；抗拔桩每承台设 3 根；桩径 $\phi=700$、桩长 $L=60$m、配 $17\phi22$ 通长筋 $\phi8@250$（单桩承载力抗压 $R_K=1800$kN，抗拔力 $R_K=1200$kN）每平方米扣除自重后的上浮力按 50kPa。如果按下述的"共同作用"作计算简图设计，把"抗浮设计"改用"设防设计"，把"抗拔桩"改用"控沉桩"该工程至少可节省 3000 万以上造价。

17.3　共同作用的方法

以下通过深基础支护技术与围海造地综合处理技术的论述，看如果发挥共同作用的正能量避免负效应。

1. 深基础工程的共同作用[74]

地下支护尤其处在软弱地质条件的深支护，所花的支护成本高昂，但使用期限较短，通常只用于施工期，地下工程竣工后即行失效，并普遍认为竣工后基坑支护不起作用。其实不然，由于我们对岩土工程问题缺乏系统分析，地下工程竣工不意味着工程的结束，竣工后的地下工程与地基土还存有一个吻合使用期，即应力、应变的释放期。常见有地下工程的底板的隆起开裂，并不都是由于地下水作祟，而是地下工程边坡失稳的次效应。虽然地下工程四周已由地下外壁作挡土墙支挡，但由于土的自身的应力、应变未得释放，坑底土的隆起是不可避免的，而这一隆起的力量是很大的，有的底板虽按±0.00 标高作底板的强度设计，底板依然出现开裂。

如果我们持续发挥支护的深层截揽作用，就可有效防止这一边坡失稳的次效应，达到安全地通过吻合使用期。依我的看法长江"三峡工程"也是如此，必然还有一个漫长的吻合期，忽视这一观点，就会造成更大的损失。

有关地下支护与地下工程本构的共同作用这一论述，作者已在建筑结构 2014 年增刊作介绍，详见图 16-6。

把地下支护结构采用工程措施，构筑成永久性支护并与地下工程共同作用作设计，其有益效果：

（1）可持续发挥深层截揽作用，防止基底土的隆起破坏。

（2）可有效减少基础的抗拔桩及作用底板上的浮托力。

（3）可有效减少作用外周墙的土压力。

2. 围海造地地基、地坪综合处理技术的共同作用[73]

我国经济发展，沿海地区土地奇缺，向大海要地。围海造地已是岩土工程的新兴课题，是当今技术发展落后工程实践，它是一个系统的工程。因此，必须应用"共同作用"的原理来解决这一工程问题。

从土力学观点而论，从滩涂筑堤围垦、促淤，吹填海泥、海砂变海涂为围垦地，再经塑料排水板压载预压，排除吹填土的颗粒间（孔隙）的自由水。但处理后的吹填土仍然具有高含水量、低粘结力的流塑状有土体，该吹填土还不是结构性的土层，它对其下卧淤泥软土则是一种外加荷载，所以，把此类工程问题归纳于大面积堆载的难题。

如让其吹填土自然熟化，依靠大自然的阳光、空气、风雨交融造地，则是一个漫长的造地过程。时不可待，一万年太久，只争朝夕。但直接用于工业用地，则有诸多的工程隐患与弊端：

（1）管桩沉桩时，表现桩的飘移与倾斜。

（2）基床开挖时表现于塌陷挤动基桩移位。

（3）钻孔灌注桩则易发塌孔，难以成孔成桩。水泥搅拌桩按常规方法施工，穿过吹填土层易发虚脱。

（4）地坪、地基处理不到位而没完没了下陷，直接影响工程使用。

实质上，吹填土工程上的基桩，不是常规概念的低桩承台，是因为桩承台下的地基是流塑状的吹填土，对桩身没有握裹力，所以沉桩时易发飘移，实属码头类的高桩承台。而现行的设计与施工方法仍按照常规概念的低桩承台作考虑，显然是不妥的。

图 17-2 所示为综合地基、地坪处理结构，是集"地基处理与结构措施"为一体，根据"共同作用"的原则，以二项专利技术作支撑，实施承载力作补偿，以控制沉降为目标的"双控设计"法。

（1）基础工程：采用刚-柔性复合桩基[7]，以刚性桩控制为主以柔性水泥搅拌桩加固桩间土，作沉桩围护及承载力的补偿，其原理如同"筷子与稀饭"关系，可以设想把筷子

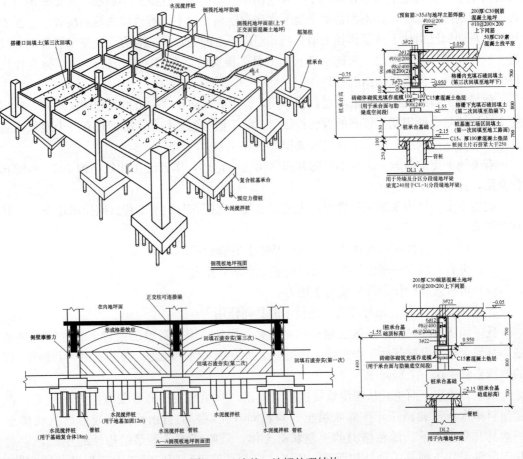

图 17-2　地基、地坪处理结构

直接插入稀饭，筷子是不能稳定的。

（2）地坪工程：借助结构措施实施网格分块。在地坪面设置肋梁（由原基础桩承台联系地梁上升至室内地坪）与框架柱整浇构成倒筏板地坪，利用网格地坪的分格肋梁，对回填土产生的阻抗，形成拱体效应，防止回填土下陷。当网格尺寸较大时，应配合地基处理。

（3）由于采用的结构措施，构筑了倒置筏板基础。则对刚-柔性复合桩基进行补偿，提高了建筑物的安全度与可靠度。

从上述的地基、地坪的互动效应，构筑了综合处理技术，即利用倒筏板结构地坪形成了倒置筏板基础与刚-柔性复合桩的"共同作用"，利用刚性桩与柔性水泥搅拌桩的刚柔相济的"共同作用"，构筑围海造地综合处理技术。

从以上案例分析可见，处理岩土工程问题，离不开"共同作用"的理论作计算简图，当考虑地下支护与地下构筑物的共同作用，就可以节省很多造价。

当考虑利用地坪与基础共同作用时，对围海造地工程这一难处理的问题就可以迎刃而解。所以，作者倡导岩土工程"共同作用"和"系统成因分析与机理"这一理念，期待着有更多志同道合者在这一理念上开创岩土工程新的篇章。

第18章　岩土工程哲学的理论与应用

本章目的通过"岩土工程哲学"去寻找复杂的、难处理的大岩土工程"蹊路"。同时希望通过该章节的学习，能提高岩土工作者的工程判断力与逻辑思维，更能推动岩土工程哲学理论的发展。

18.1　引言

哲学是自然知识、社会知识、思维知识的概括和综合，是人类认识世界事物的方法论。所谓岩土工程哲学，就是利用哲学这一学科所倡导的方法论，把岩土工程基础理论的应用与哲学思想相结合的一门科学。

哲学的起源是人类认识客观事物而诞生的辨证思维，东、西方哲学家的哲学思想起源于人类对自然界的认识。亚里士多德已经说过"这些较早哲学家都设想原初的本质是某种物质："空气与水"，后来赫拉克利特设想是"火"，但是没有人设想是"土"，因为它组成太复杂（天然辨证法）。

物种的起源，说到底还是中国一句古话"金、木、水、火、土"，再从黏性土组成而论是由：土颗粒、水、空三相组成，这就自然成了人类认识自然的客体：岩与土。

从而可见，岩土工程学科与其他类学科最大的不同是它的产生来自于自然哲学与人类工程实践。所以岩土与哲学成了天然的联系，于是就产生了岩土工程哲学。

太沙基曾指出："其后发现土力学某些规律，大都是藏身于岩土体和他们与工程的相互作用之中的，解决工程的难题就是发掘和利用这些规律的过程同时也是土力学的创建过程。"[76]

18.2　岩土工程实施路径

实践经验告诉我们："共同作用"是揭开解决岩土工程的重要方法。因为它藏身于岩土体和他们与工程的相互作用中。岩土工程学的本质，就是缘于这么一个基本原则。解决他们的途径，首先不在于计算的手段的选择，而是工程实施的路径，是尽一切可能挖掘岩土体固有的潜能。

传统的概念"理论与实践"相结合只能算是实施的方法，所以，应当十分重视与树立把寻找与挖掘岩土体固有的潜能，作为岩土工作者的第一任务，然后则是实施的方法（理论计算）。它们之间的关系作者把它比喻成分数的分子与分母的关系。

现在学术界有一倾向，意图从各种先进理念或计算手段（可靠度、模糊数学、灰色理论、细观结构、层次分析、神经网络与遗传）[77]，去解决岩土工程以求得精确的数值解，这是独劳的，是因为它只是工程中有效值的分子数。由于岩土工程是充满许多不确定因素，因而具有复杂性、奥秘性，是我们还没有达到，今后也不可能达到用理论能完整解决岩土工程问题，即使采用"理论与实践"相结合的办法，但必须清楚认识到，它只属于分子值。

寻找与挖掘岩土体固有的潜能，就成为岩土哲学的根基，而"共同作用"是解开这一根基的重要途经，作者把这一共同作用概念与"理论与实践"相结合的方法耦合在一起作为解决岩土工程的新路径，并总结了以下的经验：

（1）"共同作用"与理论分析相结合；

（2）理论分析与计算结果相结合；

（3）计算结果与判断分析相结合；

（4）判断分析与构造措施相结合。

应用运筹法与岩土哲学相结合作优化设计，以此作为工程实施路径。

上述的观点，正如孙钧院士指出："尽管采用了定量的计算分析手段和先进的计算机工具，而得出的却是最多只是半定量的、甚至只能是定性的结果。……我们要不断探索一些'另辟蹊径'的新路子，要求做到'半理论、半经验和实践'、作好工程典型类比分析，使在量级上和变化规律性上以及得出的正负号上不犯大错；'不求计算精确，而要评判正确'就是对许多岩土工程这样的'灰箱'问题作出设计、施工正确抉择的基本要求"。

18.3　岩土工程哲学理论

岩土工程哲学源于人类工程实践，是人类工程活动思维方式的发展，在还没有土力学这门学课之前，人们更多依靠工程哲学思维指导工程实践。土力学是人类工程活动才得以产生的，直至 1925 年美国太沙基创建了土力学的基础理论，使土力学形成一门独立学科。

18.3.1　对立与统一

对立统一是岩土工程中共同作用的理论基础。以最简单的数学公式 1+1=2 为例，但是在岩土工程中就不是那样去理解的。例如把一根桩打入地基土实测极限承载力为 50t，再在它相邻处施加另一根全完一样的桩实测的极限承载力也是 50t；但是，当把二根桩同时实测时，实测结果他们的相加的极限承载力少于 100t，也就是说 1+1 不等于 2。这就成了岩土哲学问题，也就是缘于桩、土的"共同作用"。

如图 16-6 所示，就是利用他们之间的共同作用，发挥地下支护结构与地下本构的潜能，可有效减少抗拔桩与板底的配筋以及作用侧壁的土压力，是一项建筑节能措施（详见第 16 章）。

又见图 17-2，解决的办法是找出了地坪与基础是相互对立与相互依存的关系，利用倒筏板地坪作倒置的基础和刚-柔性复合桩作共同作用设计，从而达到了相互依存的统一，发挥了岩土体内蕴存的潜在能量（详见第 12 章）。

18.3.2　量变与质变

它是岩土工程中最普遍的、最基本的法则，岩土工程是多因素的综合体，其中，必然存在一个或二个起决定性工程要素，随着该要素量的变化而引起工程质的改变，我们把这种变化叫作"量变到质变定理"。

设想当地基土随着桩的含量增加，桩与地基土的共同作用，就可演变成不同类的基础类型。

（1）当地基承载力能满足设计要求，但沉降不能满足，此时，施加少量桩用以控制建筑物的下沉与地基共同工作，成为"控沉疏桩基础"。

（2）当天然地基的承载力不能满足设计要求，自然沉降也不能满足，此时，需要增加桩数，协同天然地基作承载力补偿的共同工作，成为"协力疏桩基础"。

（3）当增加桩数仍然不能满足设计要求时，此时，还需继续增加，于是上部荷载全部由桩来承担，此时，成了常规概念的桩基础（详见第3章）。

（4）但由于随着桩数增加，桩距加密，桩与土的共同作用的负效应激烈加大，即承载力的相互衰减、沉降量的重叠加大。当增加的桩数引起桩距减少到小于三倍桩径时，此时，其桩基础的工作性状不再表现于桩的工作特性，桩周的摩擦力得不到发挥，上部荷载主要传至桩端平面，由深层面的桩端持力层承载，类同于回到了天然深基础。

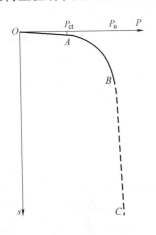

图 18-1　地基土荷载 p 与变形 s 曲线

图 18-1 表示地基土在荷载与变形的三个阶段：

（1）压密阶段（图中直线变形 $O\sim A$）土体处在弹性平衡阶段；

（2）剪切阶段（图中曲线变形 $A\sim B$）土体处在塑性平衡阶段；

（3）破坏阶段（图中陡坡曲线 $B\sim C$）地基土处在失稳破坏阶段。

从上述地基土的变形的发展的分析可见，它是随着外荷载的增加，土的抗剪强度由弹性阶段走向塑性阶段，再由塑性阶段走向失稳破坏阶段。这表明随加荷的增量，而引起地基土性状改变。为了研究不同阶段土的受力状态（应力、应变、蠕变等特性），于是就产生了不同的学科分类：弹性力学、弹塑性力学、塑性力学、极限平衡力学，也就是立足于"量变到质变"的发展而产生。上述各力学也是相互依存于岩土体，都源于岩土工程实际工程需要的产物，它服务于岩土工程成了岩土力学的一部分。

18.3.3　外因与内因

所谓外因与内因论是指引发事物的一切运动或变化的因果关系，均来自于外因与内因。也就是外因要通过内因才起作用这是跌不可破的真理。

在第15章有关土中渗流的哲学已作论述，即没有外部水头不可能产生土中渗流，反之，如果没有土的内部渗流条件，也不可能引发渗流，这就是外部水头要通过内因发生作用。

图 18-2 为温州洞头某工程基坑失稳处理分析图，首先必须找出引发失稳的外部因素，然后，根据外因引起的工程失事作具体

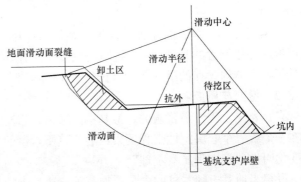

图 18-2　基坑土坡失稳动态平衡机分析图

的分析。该基坑工程失稳处理措施，就是寻找事故的因果分析入手，然后判断采用何种工程技术措施，是以"堵"制滑，还是以"疏"制滑。一字之差，成了二种不同的方法，原先请来专家采用了以"堵"制滑，采用喷锚桩加固滑动区，但失效。后我采用动态平衡法，以"疏"制滑。顺利完成基坑开挖，避免了事故发生（详见第 16 章）。

18.3.4　否定之否定

否定之否定就是人类认识自然界客观规律与思维活动的准则。从哲学的观点就是对事物的不断肯定与否定中循环前进的过程，过去桩基设计规定在同一工程中要求"三个统一"，即采用同一桩型、同一桩长、同一持力层作为桩基设计准则。随着人们对桩基作用机理分析不断加深与工程实践，重新认定为了充分发挥地基土的潜能与地基土的空间效应，不再受这一规定的限制。

从而产生了新的桩基设计理念，为了有效发挥桩基与地基土的潜在能量，疏桩基础便应运而生。根据桩、土的共同作用原理，派生了不同类的基础形式（详见第 3 章）。实践证明共同作用的理念，是解决许多岩土工程重要的途径与方法。

从大岩土工程而论，如人类工程活动与环境和谐的认识，也是不断在否定中渐进，环境保护已成为当今岩土工程的主要矛盾。重视保护环境的国家（如芬兰、荷兰）在 20 世纪未提出了工程方案论证，要从"技术、经济"比较转变到"技术、经济、环境"比较，并由此立法。

18.4　工程设计中有关的岩土哲学

由于岩土工程的复杂性，存有多种不确定的因素，所以工程设计要立足于这一客观事实，以下结合作者的工程实践提出相关的哲学理念，供大家分享。

18.4.1　创建工程概念性设计

先进设计思想或理念是可以通过概念性设计充分地展现，一个岩土工作者的任务就是在特定的自然环境中，用整体概念来设计工程的总体方案，概念性设计就是建立在寻找藏身于岩土体和他们与工程的相互作用之中。

工程的概念设计就是发掘和利用这些规律的过程，。虽有与最终施工图（目标）有一定差距，但概念清楚，定性准确，是判断施工图设计与工程计算结果可靠与否的主要依据。

对一些大岩土工程，人们已清楚意识到"理论计算"与岩土工程原本的关系，现在、今后也不可能用数值能精确解决工程问题。因此概念性设计就显得十分重要。

以本章介绍的围海造地工程技术为例，由于找到了这一难题内在规律，把地坪和地基、基础整合在一起作共同作用，实施概念性设计，剖析了围海造地实属大面积堆载工程，从大面积堆载工程的概念着手揭开了这一难题内在联系，提出了倒筏板地基、地坪的技术方案。把结构措施和基础处理相结合作共同设计，由于理论先进、概念清楚，工程施工图和计算结果与判断相吻合。

这表明岩土工程必须作概念性设计，是因为岩土工程与其他学科最大不同是它的客体是大自然。只有做概念性设计，方有可能达到设计成果达到创新、完美。

18.4.2　实施工程的保障机制

对复杂的岩土工程或大岩土工程，是不可能全部依靠系统的数值计算，而更多是建立在工程判断上作概念性设计，除了实施概念性设计外，需要创建工程保障机制。

所谓工程保障机制，就是指采取计算以外的手段，保证主体避免损坏，一般是指主体工程的从属结构或构造措施。它可以损坏、可以修复，它建立在概念性设计基础上，是与工程主体相互依存的，用于保障工程主体安全运行，运用得当可达到举一反三的效果。

如本章介绍的围海造地、地基、地坪综合处理技术，由于地坪结构采用倒置的筏板基础，它实质上起着对刚-柔性复合桩基础的保障作用，它可以损坏，可以修复，由于该技术创建了工程的保障机制，达到了快速造地与一坪二用效果。

又例如框架结构码头工程，靠船的撞击力的计算，尽管计算都很合理，为了防止意外的撞击力，把靠船构件设计撞击力的设定，用小于码头结构主体的承受力，一旦撞击力超出设定的荷载，于是构件先行破坏。同样对系船柱的设计，也采用设计的系缆力的限制取值，当遇到特级风暴时，超过了码头主体极限承载力先行拉断，他们都是立足于保障码头结构主体的安全。这就是一种工程设计的保障机制。

在自然界也是如此，以杨树与柳树为例，对抗御台风的方式各具特色，杨树挺拔，抗风能力大，但树大招风，一旦承受不了支干先行脱落，减少风的压力保障了主干。柳树自身体弱，则是随风飘荡，消除能量保全机体。这就是生物的保障机制。

我们高层建筑的层间位移量的取值同样也存有保障机制问题。选用过小值，刚性加大，地震力的消能效果差，但居住感觉好，工程费用增加；当采用较大的层间位移值，柔性加大，地震消能效果好，可减少工程费用，但居住感觉要差。前者类同杨树与后者类同柳树的抗风的机制。

典型案例[78]：1972 年 12 月 23 日，一次强烈地震袭击了尼加拉瓜的马那瓜市。马那瓜最高的建筑——61m 高的美洲银行，是一幢钢筋混凝土塔楼，位于震中，在它旁边的街上就有 1/2 英寸宽地裂缝，但是，该结构只在连接井筒的梁的中间有些裂缝，这说明虽然结构没有明显裂缝，但墙内具有较高的应力。也就是说，在地震剪力和弯矩作用下，墙仍然处在弹性阶段。地震在美洲银行建筑中产生的最大水平加速度至少是 0.35g，此建筑是 1963 年设计的，采用那时候统一建筑规范对 3 区的要求，水平加速度是 0.6g。可见，井筒经受住了为设防裂度 6 倍的地震作用而且表现良好。

由于该结构的抗力、抗震体系，采用 4 个 15 英寸方筒时，在风荷载与一般地震力作用下 4 个筒通过连梁（联系构件）起着共同作用，获得很大刚度，而遇到强大地震时，需要有较大的柔性以起消能作用，用以保障主体结构免受损坏，在强震下连梁进入塑性区，出现破损，它可以修复。当连梁完全破坏后，该结构抗侧向力的能力也不会降低很多。此外，当梁中部形成塑性铰，4 个筒单独工作，由原有很大的刚度变成柔性。这就是作者所述的一种高层建筑的结构保障机制。

18.4.3 区别对待安全储备

对同一工程不同部位，根据其占有的重要性的不同，可取用不同量级的安全度。而不是平摊分配安全值。这样设计方法，具有合理性、经济性与安全性。因为一个大工程是由许多部位组成的，对其核心部位应采用足量的保障性的安全度，如高层建筑核心抗力体系，就是予以足量的安全值以策整体安全与经济。

对工程从属部位或构造部位则要分别对待，如本章介绍的围海造地综合处理技术，对地坪桩设计采用了极限承载力作设计，给定的安全系数为 1.0～1.2，因为它的失事不会引起工程事故，并可以修理。对基础桩采用的是承载力特征值作设计，采用的安全系数按规范要求取用 2.0。因为它的失事会引起工程事故，是不可以修复的，并涉及整体的安全。

当理论分析及计算参数的可靠度达不到预测的判断，此时，设计人员可适度提高关键部位的安全值，作安全度的安全储备，也是一种工程设计的技术或称之艺术。

例如刚柔相济的复合桩基，由于计算不可能达到理想的预期的效果，采用承载力作补偿设计时，对补偿量就是采用较高的安全值。作为一种安全储备，这是一种风险系数，由于水泥搅拌桩对地基土加固与理论之间有一定的差异性。同时设计的假定与实际情况的差异性，此额外负担因素在规范中没有考虑到，但在工程设计中必须作思考。

从刚-柔性复合桩基的实际建成工程效果可见，按浙建设（GB33/T 1048—2010）规范相关规定要求作设计，在控制沉降能力可达到与常规桩基的同步效果（详见第 9 章）。但必须指出，超出规范范围以外的安全度就会造成直接经济损失，一般是不可取的。

18.4.4　建立工程的信息系统

工程设计尤其是大岩土工程，除了正确把握判断的预见性与科学性，是工程设计首要的问题。但由于岩土自身存有诸多不确定的因素，对正确的判断带来了模糊的数值，尽管当今采用先进的理论与计算手段，但是必须认识到它仅是岩土工程本构的有效值的分子数，没有这样认识，或过高估计理论计算都是造成工程事故的内因。所以要提倡建立工程信息系统，做到必要的预报措施，才能做到防患于未然。尤其是大岩土工程（如水工建筑物），这正如钱正英院士指出：早发现早主动、迟发现迟主动、出了问题就被动。要实施这一辩证理念，就是要采取工程预报手段来配合工程设计。

由于岩土工程的复杂性，当主客观不能达到统一时，例如地下工程的支护设计，不可能采用永久性建筑物安全度，但它又是重要的临时构筑物。由于诸多不确定因素随着空间与时间而变化，现有支护设计采用"时空法"去模拟，增强支护结构的活力，为了防患未然，同时，必须建立有效的、甚至具有智能化的信息系统，对重大的工程则是一项重要的手段与方法。

对一些重大的岩土工程的吻合使用期，建立信息系统则是不可少的。这一信息化的系统建立来自于工程需要，例如在软土地基施打管桩时的挤土效应，如果不采取适当手段会引发对近邻建筑物损坏，道路开裂、地下管道破坏，因此必须采用预报措施，要寻找相应的信息系统，例如建立沉降观测、位移观测、裂缝观测、地下水位观测、孔隙水压力的观测等。去寻找最敏感的部位，达到早期预测，对大岩土工程与深基坑支护设计则是一个重要环节，是不能忽视的。

如本章介绍的洞头商贸城基坑滑动处理，由于及时预报，通知设计人员，采取积极的、有效的措施，"以疏制滑"与"动态平衡"开挖基坑，就可防患于未然。详见图 18-4。

该工程原支护设计，没有考虑到管桩对地基土的抗剪指标的衰减因素，导致基坑危及失稳，由于早主动避免了工程事故的发生。所以建立工程信息系统是不可少的环节。

18.5　几个问题的探讨

18.5.1　工程吻合使用期

工程吻合使用期，是指工程竣工后，投入使用后，由于工程是一系统工程，工程竣工并不等于工程结束，从土力学观点而论可称为应力、应变释放期，例如软地基础的沉降有的要延续几年甚至几十年才能完结，对框架结构变形与填充墙也存在一个吻合期。

对于大型岩土工程为例，如水工建筑物更需要进行专项后续工作，因为改变了天然原有的景观与环境，从岩土工程力学而论，它进入一个完全不同的受力状态，必然进入新状态的和谐平衡。从原有的环境转入新状态下的环境，它必须有一个吻合的磨合期。

把原有的状态下的能量得以充分释放达到新状态下的平衡、稳定。从哲学上而言工程竣工不是工程结束，可能存有一个漫长的工程磨合期，尤其是大型的水工建筑，如果没有树立这一观点就要吃大夸，我国三峡工程更是如此。必须研究如何度过这一漫长的吻合使用期，就成了我国岩土工作者的历史使命与任务。

18.5.2 规范与哲学关系

工程规范是工程的向导与工程法律条文，规范应反映行业发展较高的理论水平，同时又是对已被实践证明行之有效的经验总结，对工程技术发展有一定的导向与空间。

岩土工程与其他学科有些不同，因为它的客体是大自然，而且，我国大自然又是地大物博、水文地质多变而复杂，我国又处在经济发展中。如果把岩土工程规范规定得太细太死，客观上就会阻碍岩土力学可持续发展的空间。如果没有用哲学的思想与观点来制定岩土工程规范，许多工程问题将难以理解与处理。

俞调梅教授指出规范应是时间上的相对稳定性，应当以提目的与要求为主。规定得太细太死就容易违背客观规律，甚至成了过多的"部门所有制"[77]。

有人说过"不依规矩不成方圆，如果依了规矩也不成方圆就难办了"。为什么有了规范还成不了方圆呢！从哲学观点而论叫作理论脱离实际，来自于主、客观原因，要么是规范本身不合理性造成的，要么是没有按规范去做。

例1：温州某公路桥梁工程，当桥墩完工后，把桥面板吊起按装瞬间下沉50多公分。作者被邀参加讨论会，设计方介绍采用钻孔灌注桩，桩端承载力取值是按地质报告给定为0.3～0.7，这也是规范规定的范围值。施工方说也是按常用规反循环清孔处理沉渣，从来没有发生这一现象。规范规定要求不大于5cm，而事实上5cm的要求是达不到的，是看不见，摸不着的标准，尤其是下钢筋笼，孔壁坠落的沉渣就无法控制。

后经我分析以往都是长桩，桩长达40～60m，是以摩擦力为主，端承力为辅。端承力取值系数范围大小不会引起工程事故，因为还有安全系数2作保证。现在只有10多米短桩，是以端承力为主。桩端承载力直接关系到工程的安全，由于设计方没有意识到桩端承载力取值对工程安全影响，这说明规范不宜提具体参数，否则容易脱离实际，造成工程事故。

例2：温州某工程的地下二层停车库，地质报告提供抗浮设计水位设在±0.00标高，但由于该勘测单位错误地理解规范条文，认定地下水位埋深较浅时就存在抗浮问题。在温州深厚淤泥、黏土地质属不透水的隔水层，地下水储藏在地表回填土为孔隙潜水，虽然埋深在较浅地表，是上部有水地下无水，怎么会引发上浮呢！这说明没有理解基本原理及条文含义，形而上学确定抗浮水位，以致造成工程浪费。

例3：2005年作者继续做疏桩基础工程实践，由于管理部门重新认定为没有规范，不能应用（此前的认可不算数）。在某工程业主要求采用，该业主说他支持新事物，他说自己创业也是走创新理念。节约财富不光是他个人的事，也是为社会节能。当时由于没有规范，不让施工，前后停工三个月之久，最后到省厅请专家论证。这分明是规范规定得太死，没有给新技术发展的空间与平台。

作者把工程实践与规范的关系，比喻成母鸡与蛋的关系，没有蛋哪有鸡，没有鸡哪有蛋，要让母鸡生蛋，就不要管得太严，否则蛋就生不出来。没有疏桩基础工程实践，哪来浙江省工程建设标准"刚-柔性复合桩基的技术规程"。表明规范制定不能太死，否则限制了新技术的创新与发展，同时规程的制定也要与时俱进，不断升级。

18.5.3　土力学中几个模糊概念

例 1：关于黏土的自重应力。从哲学观点而论，黏土是由稀泥渐变过来的，随着土中水的排出，由原本的稀泥变为淤泥，再由淤泥变为黏土。这一渐变过程就是土的自重应力消失过程向体应力过渡，完成了排水固结成了黏性土，不再表现为自重应力，所以严格来说黏性土不存在自重应力的概念，只能说是虚拟的，也是无奈的。因为分层综合法需要土的自重应力，所以修正系数如此之大。

例 2：关于黏土的浮重度，什么叫浮重度，因为它的定义不适宜于黏性土，以至导致黏土的浮重度之说，从黏性土的特性而言，它是不透水或弱透水的，自由水不可能入侵，那就不存在浮重度的概念，只有过饱和的黏土才有这一说法。

例 3：地下工程的抗拔桩。对黏土的水文地质条件的地下工程，属不透水或微透水层，地下水无法进入地下工程，在无水状态下作充满水的工况作设计，在理论上、在哲学上都是行不通的。这也许是由于人们对地下水的概念模糊造成的，作者把地下水定义为：(1) 是自由的、可以流动的水；(2) 重力能对它起作用，可以从高处向底处流动的水；(3) 有水的储藏与运动的空间，而不是死水一潭的水。

例 4：地基土承载力，是工程需要而衍生出来的一个工程指标，它不是土的固有的特性。从广义来说地基土也是一种受力的构件，可以类比于一个简支梁，如果我们要问该简支梁承能承受多大的均布荷载，大家都能清楚地说它不是一个固有的数值，它取决于材料强度、断面尺寸、计算跨度、设计方法等诸多的原因。同样要问地基土能承受多大的荷载，从哲学观点来说是属同一概念。随着工程技术的发展与设计理论的更新，用土的承载力来表示土的属性，其实是土力学学科的一概念性的误区。

地基土的承载力，在工程设计前不是预先可以得出来的数值。这与简支梁是同一概念。所以，以往简单地采用地基土的承载力概念进行工程设计，实质上只是适用于工程结构的容许应力设计法。因为，容许应力设计法本身也是一种粗糙的近似设计法，它不能给出真实的应力值，也不能给出真实安全系数，地基土的承载力也是一样不可能给出一个真实的承载力数值。但应用起来具有简单可操作性，一直被工程界所欢迎。

实践证明许多工程问题采用地基土的承载力作工程设计，存在诸多隐患与弊端，尤其是软土工程，常发生的纵向怕裂、横向怕倾、竖向怕沉是能避免，但是不可能简单地采用控制地基土的承载力同时达到沉控制降量。

正如上述所述地基土本身就是一种受力构件，可类比简支梁构件，它要比简支梁复杂得多，这就是岩土工程的固有特性，这从第 12.3 节大面积堆载的地基稳定性验算可以得出如下函数关系：

土的承载力 $P = f$（与地基土及其下卧层地质土的力学及物理指标有关；与工程基础的平面尺寸、埋深有关；与设计预估容许的沉降量有关；与工程设计的工况有关；与所采用的工程设计方法有关）。

上述例举五个因故关系，足以说明地基土的承载力取值，已不是一个简单的数学模式，而是工程设计方法中的一项演算内容。随着极限状态的设计理论的发展与作者倡导的岩土工程"共同作用"与"双控设计"的理念。继续延用地基土的承载力做法，客观上限制了岩土工程的固有的潜力发掘，传统概念的土的承载力已不再适用于当今工程技术进步，应该重新科学地认识地基土的承载力的基本概念及内涵，已刻不容缓。

例5：平板荷载试验存在的问题

1. 小比例作平板荷载试验，作地基土的载荷率定不具有普遍意义，相当于试验室的模型试验，当工程采用的基础尺寸与试验模型尺寸相差较大时，现场试验得出来的承载力数值不符合模型相拟定律（包括几何相似、重力相似与动力相似），是因地基土是无法实施几何相似。

2. 小尺寸平板荷载试验，对地基土的下层的特性不发生直接关系。因此，实测的数值无法代表地基土的真实情况。

3. 平板现场试验实属空间问题，它由 X 向与 Y 向地基土的共同作用，其试验得出的数值显然较按平面问题计算为大，所以当地基土的内摩擦较大时，共同作用空间效应更大，实测数值与理论计算相差甚大，这可从文献［77］表10-1"极限承载力计算值与试验值的比较"可见；当土的摩擦力越大时，试验值越大，这是因为平板试验的空间效应较大，而计算的公式是看作为平面问题。而且，一般工程中较多是属平面问题，即截取一单位宽度作设计。作者建议作平板静压载试验宜采用3～5组并联同时作压载试验，然后取用中间一组作近似的平面问题处理。此时，试验数值才能有效验证理论计算的精确度，表18-1的这种离差就可收敛。

极限承载力计算值与试验值的比较　　　　表 18-1

项目 试验	D (m)	B (m)	L (m)	c (kPa)	φ (°)	计算值 (kPa)	试验值 (kPa)	比值
Muhs 的试验	0.4	0.71	0.71	12.75	22	406	410	0.99
	0.5	0.71	0.71	14.7	25	624	550	1.13
	0	0.71	0.71	9.8	20	219	220	0.99
	0.3	0.71	0.71	9.8	20	263	257	1.02
Miiovic 的试验	0	0.5	2.0	6.37	37	589	1080	0.54
	0.5	0.5	2.0	3.92	35.5	713	1200	0.59
	0.5	0.5	2.0	7.8	38.5	1370	2420	0.57
	0.5	1.0	1.0	7.8	38.5	2022	3300	0.61

附录1 我国岩土工程先驱者——同济大学俞调梅教授的来信函

[手写信件原文]

自立同志：

二月二十九日大作已读悉；迟复为歉。您的两篇文章我大致上翻了一下，但未能细读。对于您的想法和尝试我觉得是值得欢迎的。

关于"疏桩"的问题，从目前用桩可能太多太密的事实来看，是无可非议的；而且，考虑地基土的承载力与桩的承载力共同作用的做法，在旧上海（我指的是本世纪三、四十年代）也有过，这也已在上海的地基规范中提到了（主要是用于短桩处理局部软土如暗浜等等）。

折板基础的结构上优越性（与片筏基础比较）是明显的；我只觉得可能在施工上麻烦一些。

由于我只知道温州地区的土是软土，没有更多的理解，对于您的文章我也是大致看了，所以恕我不能多说什么。

但总要认识到这种经验是不免带有地区性的，是否要写入规范是要慎重对待的。我个人的看法，是规范应当是时间上的相对稳定性，应当提出的要求而不是规定太细太死。但我国过去的规范还是太细太死，易且形成了过多的"部门所有制"。

随便写了一点意见，请指正！敬礼！

俞调梅上

88.3.24

附录2 我国岩土工程先驱者——河海大学钱家欢教授的来信函

自立：几十年未见面，接读来信及论文二篇，很高兴。我从3月下旬到4月中旬，一直在北京参加全国人大代表会议，回来后又忙于一些事情，今天五一假节，才仔细阅读了您的文章。

关于疏桩基础，对于沉降不很重要的建筑物，是可取的。如果布置不妥而引起较大差异沉降，建筑物容易产生裂缝所以疏桩可以不同程度的"疏"来采用，确保沉降或差异沉降安全。事实上，疏桩如果疏到没有桩，那就是以筏式基础来代替。

折板基础，国内外都已采用，对于浅层土是软弱土层，特别有用，对于温州地区，由于软土层太厚，折板容易裂缝，也要慎重对待。

当然一种形式基础，一种想法，总都有优缺点，如何发挥它的优势，尽量避免缺点，这就是科技工作者与设计者的任务，希望您再多做一些工作，今后如有正式论文，我也愿意代为推荐。

我已实足65岁，精力逐步衰退中，正备到70岁，无论如何要退休了。

祝好

钱家欢

88.5.1

194

附录3　我国岩土工程先行者——上海民用建筑设计院顾问总工施履祥学者的来信函

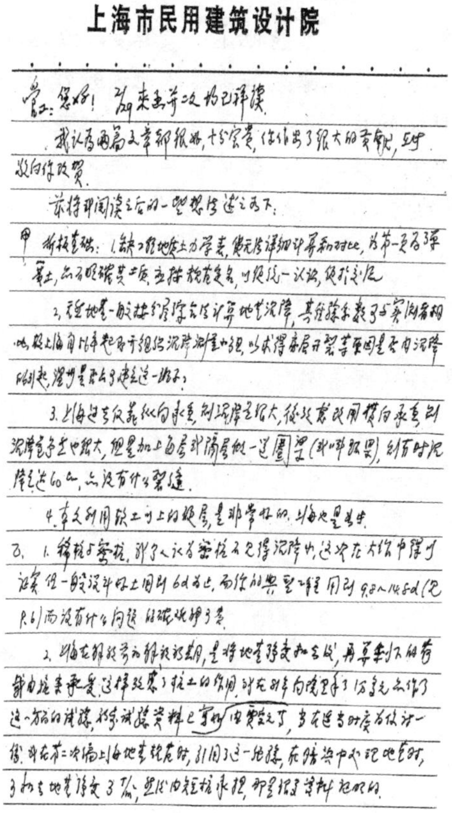

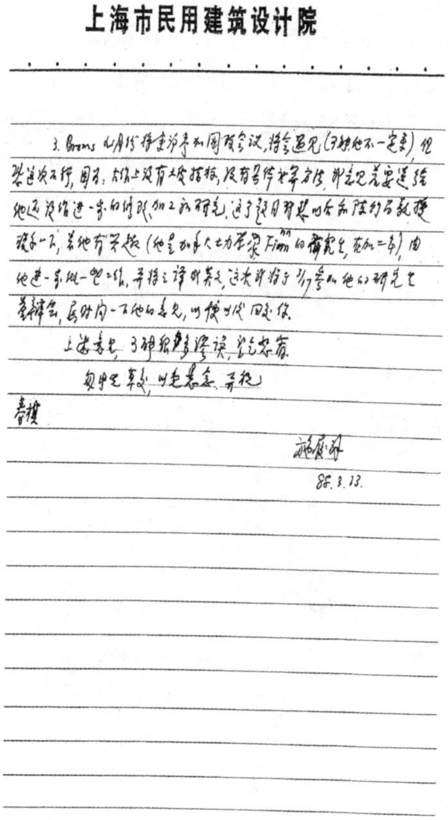

管工：您好！2/29来函并二文均已拜读。

我认为二篇文章都很好，十分宝贵，你作出了很大的贡献，在此敬向你祝贺。

兹将我阅读之后的一些想法述之如下：

甲　折板基础

1. 缺工程地质土力学表，使无法详细计算和对比，如第一层为弹簧土，而不明确其土质，应按规范定名，以便统一认识，便于交流。

2. 天然地基一般按分层综合法计算地基沉降，其经验系数可与实测者相比，故上海自56年起召开组织沉降测量小组，以求得房屋开裂等原因是否由沉降所引起，温州是否可也建立这一班子！

3. 上海过去仅靠纵向承重，则沉降量很大，后考虑改用横向承重，则沉降量仍然也很大，但是加上每层或隔层做一道圈梁（或叫环梁），则有时沉降量达60cm，而没有裂缝。

4. 本文利用软土以上的硬层，是非常好的，上海也是如此。

乙　1. 稀桩与密桩，我个人认为密桩不见得沉降小，这次在大作中得到证实，但一般设计中用到 $6d$ 为止，而你的典型工程用到 $9.8\sim14.8d$ 而没有什么问题，的确难能可贵。

2. 上海在解放前和解放初期，是将地基强度扣去后，再算余下荷载由桩来承担，这样考虑了桩土共同作用，我在81年向院里要了1万多元作了这方面的试验，初步试验资料由贾宗元等已写好，当在适当时候为你讨一份，我在第二次编上海地基规范时，引用了这一经验，在暗浜中处理地基时，可扣除地基强度 $3t/m^2$，然后由短桩承担，那是很多资料证明的。

3. Broms 九月份将来沪参加国际会议，将会遇见（可能他不一定来），但恐这次不行，因为：因大作没有土质指标，没有具体计算方法，我意见若要送给他还须作进一步修改、加工和研究。这个题目我想以后和陈竹昌教授联系一下，若他有兴趣（他是加拿大土力学家 Finn 的研究生，在加二年），由他进一步做一些工作，并将之译成英文，这次我将于 3/17 参加他的研究生答辩会，届时问一下他的意见，以便以后回复你。

上述意见，可能很多谬误，望乞恕宥。

匆忙先草交，以免悬念，并祝

春祺

施履祥 88.3.13

附录4 我国岩土工程先行者——浙江工业大学史如平教授的来信函

管自立工程师：

您的两篇大作收到，谢谢您的好意和信任。

您在温州作了有益的尝试与实践，对推动在软基上的设计作出了贡献，我很欣赏您的这种精神。

因为，一般的设计工作者不大敢去冒这一风险，而探索者往往首先自己要承担这一风险，所以从此取得经验就显得非常难得。

还由于软土性质的复杂性，一种新的方法要得到社会的认可与推广，往往要经历一条可能是"漫长"的路程。

我从您的大作中得到有益的启示，作为教学工作者，在一定场合，我可以作此宣扬，使有更多实践者能在这一领域有所推进。

您在文中，提出"控制沉降量"，我认为是合理的。目前，商品房的兴起对建设筑物的变形要求愈来愈高。

疏桩基础的共同作用，具体用于成熟的设计还有一些尚待进一步研究：

1. 我不知道温州软土是欠固结的还是正常固结的，因为这对将来的沉降是有影响。实际上，杭州的土也尚未搞清，因大家忙于生产，对这一方法还研究不多。

2. 承台承担看来占很大比重，承台受力后，使其下的土体受到压缩沉降，则对桩来说相当于受到负摩擦的作用，这之间的关系如何？

具体来说，到底桩分担了多少荷载？这是设计者很关心的。

如 B 型基础，当不设桩时，予计其沉降如何！您在文中提到还要进行这方面深入研究，我想是有价值的，希望您取得成功。

致

礼

史如平

1988.3.11

附录5 浙江省自然科学申请表——疏桩基础应用研究

七、合作单位意见（对合作研究内容、参加人员素质与水平及保证研究工作条件等签署具体意见）

该课题从充分发挥桩的承载力和承台分担荷载的作用出发，研究疏桩条件下桩—承台—土共同使用机理和设计计算研究，并进行工程试验，最后达到推广应用，因而具有理论与实际意义。它还将与我处有关课题起互补作用。

黄强同志理论基础扎实，又有科研实践经验，能胜任该工作。

单位（公章）　90年6月7日

该科研项目对桩基设计理论与工程实践均有深远意义与功能效益。我校周庆森副教授1960年毕业于清华大学水工结构专业后一直从事教学科研工作，具有土力学地基基础的丰富教学、科学实践及设计等方面实践经验。

本校土力学地基测验室具有常规测验的条件，派主实验人员可参与此项工作。

单位（公章）　90年6月15日

该项目在温州软土地区已经取得较好的技术和经济效果，应进一步探讨其机理和实用数据，以求推广使用。

我委何工高级工程师1957年毕业于同济大学工民建专业，后一直从事基础的设计和研究工作，具有较好的实践经验。同时对软土地基的处理及桩基应用有一定研究，能项目的研究和协调工作。

单位（公章）　1990年6月15日

199

八、申请者所在单位学术委员会审查意见（对本项目的意义、研究方案、申请者和项目组主要成员的素质与水平等签署具体意见）

此研究课题得到中国建研院地基所支持与合作，予期能取得成果，在软土地基中具有推广意义，特别是大面积住宅小区中有较显著的经济与社会效益。此课题研究采用直接与工程相结合的方法，共课题人员是来至多年从事於地基乂础设计、研究与教学战线的中高科技人员。因此，這为研究在物质上和人员素质方面提供了良好的条件。

同意上报。

主任或副主任委员（签章）　　　90年5月30日

九、申请者所在单位领导审查意见（签署是否同意学术委员会意见，经费预算是否合理，有无其他经费费来源，能否保证研究计划实施所需的人力、物力、工作时间等基本条件的具体意见）

同意学术委员会的意见，经费预算基本合理，其他经费来源采用与工程相结合，节约高价及赞助决。我院在有防条件下，保证研究计划实施所需，各种基本工作条件。

单位领导（签章）　　　单位（公章）　　　90年5月30日

附录6 作者自述——我的岩土之路

本书记述作者软地基工程实践与回顾。虽然我不是岩土专业毕业，也不是专业从事岩土工作，但随后的五十年多年工作却与"岩土"结缘一生。回顾当年名师教学得益匪浅。

我的弹性力学老师是我国著名力学专家徐芝纶教授，土力学老师是著名钱家欢教授。土力学、弹性力学陪伴我一生，扶我走过了坑坑洼洼的岩土之路。由弹性力学作伴的土力学，如同咖啡加伴侣，使土力学更具生机，更有活力，从我的岩土之路可见一斑。

1. 河海大学从事教学研究工作（1960～1975年）

1960年毕业于河海大学港口工程系，同年留校任教，第二年草草上马指导毕业设计工作，深知要胜任教师的职责，只有钻研，便无捷径。

于1962年首次在国家一级期刊"土木工程学报"，发表了"柔性高桩岸壁结构简化计算法"，同年翻译为俄英文摘出国交流。高桩岸壁计算，历来是这个专业的一道亮丽的难题。其后又发表了"高桩墩台双弹性中心法"、"土坡稳定分析运筹法"。文革时结合开门办学，设计了南京港新型"刚构式"河港码头。在校的十五年教学工作给作者打下了较坚实的力学理论基础。由于十年浩劫、知识断层，十五年的青春黄金时代，没有做出更多的成就与业务上升华而遗憾。

2. 温州市设计院从事设计工作（1975～退休）

1975年文革结束，调回故乡已成风潮，当年进市设计院，不是一件容易的事，很多人要进，单位编制小，我所学的专业与从事工作又不很对口。也许是看重大学老师，想必有真才实学吧！初到设计院安排第一个任务是一项工程计算的难题——石砌圆形结构贮液池的内力计算。据说"石砌结构贮液池"是该院当年上报的科技成果。但苦于计算无从着手，最大环张力是发生在池顶还是在池底不得其解，而且，没有现成的方法可参考。甚至成了该院文革时期二派之争。

幸好！作者曾就读于我国著名力学先师徐芝纶教授的"弹性力学"专修班，曾对基础梁的计算原理有过研究，并在该院总工邵毓涵先生（系资深老工程师、浙江大学第一届大学生）的配合下，巧妙地采用"热莫契金连杆法"原理，解算了变弹性地基、变刚度、变截面的弹性地基短梁这一难题。从些，在设计院有了立脚一席之地。

温州是我国著名的软土地区，土的含水量"高"（达50%～70%）；淤泥、黏土层"深"（达40～60m）；承载力"低"（仅有50～60kPa）。人们通常把它比喻成"豆腐地基"是很恰当的，试想要在这样的豆腐地基上要建造楼房谈何容易！从已有的建筑物到处可见开裂、倾斜、下沉。作者把它归纳于"三怕"，即"纵向怕裂、横向怕倾、竖向怕沉"。

20世纪80年代初浙江省建筑科学院史佩栋先生应温州市副市长胡显欣邀请承担了对温州软土地基基础处理方法的调查研究工作。他第一次去温州时，入住刚建成开业不久的鹿城饭店。走近该饭店，但见其外墙窗口下多有八字裂缝，而其门厅地面则低于人行道面约两级台阶。第二次去温州时入住建成较早的华侨饭店。当晚下雨，次晨下楼但见门厅已满堂淹水，随即拍下淹水情景（见图1）。

该饭店建于 20 世纪 60 年代初，是一幢五层的砖混结构，至 90 年代末拆除重建，历时 40 年，基础是采用当时在全国推广的砂垫层技术。记得 50 年代未作者还在河海大学读书，当年在上海港区实习，就是施工砂垫层做仓房基础，据介绍砂垫层可以提高软地基土的承载力，因此被推广，却不知道它的后患。以温州华侨饭店为例，该工程至拆建前累计下沉 1.7m，至使建筑标高"室外比室内高，室内变地下室"，如此之大的下沉，恐怕全国也是罕见的。该工程采用砂垫层作基础（图 2），地基土的承载力虽然提高了，但其建筑物的沉降反而比一般利用天然硬壳层的浅基础大（一般下沉量在 700～1000mm）。因为砂垫层给淤泥、黏土开通了长年排水通路，土的排水固结历时几十年以至

(a) 室外淹水

(b) 门厅淹水

图 1 华侨饭店室内外淹水情况

造成如此之大下沉，后据悉上海港区库房也由于砂垫基础沉降过大被拆除。

现在回头一看，我国当年在全国推广砂垫层作软地基处理是不适宜的，也是缺乏应有的科学态度，用现在眼光而论是对土性认识不足吃了亏。

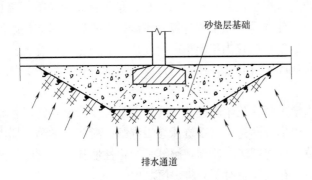

砂垫层基础

排水通道

图 2 砂垫层基础排水固结示意

面对如些软弱地基，许多的工程难题却时不可待。虽已离开了南京、离开了河海大学，回到相对落后与闭塞的温州小城，进入地方小设计院，有点惋惜。尤感是学术上的孤独无助，在大学可以继续深造。但进入了软土工程大千世界，迎来了大有作为的天地，从此，开始踏上了崎岖不平的岩土之路。1996 年 5 月 29 日温州日报新闻报导：瓯越之子"桩"上功夫——记软地基专家管自立（附录 7），……二十多年来先后研究出对付温州软土地基的"折板基础"、"疏桩基础"和"X 异型桩基础"成为温州建筑界勇于创新的高级工程师。

当年并承诺撰写"软地基基础的设计与实践"一书，但一直未能如愿以偿。直至过了二十年后的今天，"疏桩基础理论与实践"一书由中国建筑工业出版社王梅主任审定出版了。

走过了三十多年风风雨雨的岩土之路，回顾了以下典型案例，而感到苦中有乐，乐在其中（此部分内容摘录第 10 章）：

（1）1978 年建成的望江路 2 号楼工程首次应用纵向折板基础。从建成至今（2015年），历经 30 多年依然屹立在望江东路。墙体完好无损，没有出现裂缝、倾斜与过量的沉降，是一成功的实例。作者联想到水能万吨海船，从广义而言船也是建筑物，它的地基是水，也没有打桩。为什么比水强得多淤泥地基就不能建造象"海船"般的建筑物呢！根据船体结构力学的原理，萌发了把常规片筏折合成Ⅱ形状的船体主龙骨。

（2）1983 年位于浙江平阳化工厂一座大面积堆载车间，只有 5 吨地耐力要超过地耐力 3 倍磷肥堆载的仓库并设有行车作业。地处 25 多米深的软弱淤泥地基，当年设计院先后去了几个人次，均感得难以胜任，不敢承接该项工程。后我与同事郭宗林（同济毕业）走访同济大学，咨询了宰金璋老师，成功地采用综合桩基技术和砂桩技术解决了这一工程难题。

（3）1986 年诞生了疏桩基础，建于温州水心二幢五层的砖混结构住宅，一改传统的桩基设计，由于常规桩基础设计要打很多桩、打得地面严重隆起；从广义来说桩是依靠土来支持的，桩打得大多，把土都挤得透不过气来，又怎么来支持桩呢！从而萌发了减少桩基的设计思想，一种由天然地基与桩基相结合的"疏桩基础"诞生了。

利用天然承载力来减少桩基的新构思，使桩基与天然地基达到互补效应，从而为继续发挥天然地基的承载力开创了新生面。可谓已是山穷水尽疑无路，迎来柳暗花明又一村。

（4）1989 年建于温州平阳地区由当地某设计院设计的一幢五层民宅，建成后不久即严重倾斜达 30‰，危将倾倒。该幢住户来我院告急求援，记得当年该幢危房部分住户曾以一间 200 元转让，后经我们扶正升值为 2000 元。当年"大倾斜危房"我们没有这方面的经验。通过实地调查和机理分析，成功采用了"一顶一放"深层钻孔取土综合纠偏法，不到三个月扶正危房。

（5）1996 年在温州医学院 13 层综合楼首次采用了预制 X 异型静压桩，当时温州进入旧城改造，要建高楼最先引入是预制静压空心桩。由于空心桩严重挤土危害限制了推广。从而萌发把预制空心桩的空心圆移到外侧制作构成 X 形异断面，并申报了专利。该异型桩对比空心桩，具有高承载力（提高单桩承载力 15%）与低挤土效应（挤土量为等截面空心方桩 40%）在温州得以推广应用。采用本专利技术的基础公司，击败了众多的竞争对象，承揽温州人民东路旧城改造一半以上的业务而发家致富。

（6）20 世纪随着填海造地的大开发，吹填土工程的处理已为当务之急。让其自然造化是一个漫长的造土工程，时不可待，一万年太久，只争朝夕。针对这一现况提出了新的构思，把地基处理与结构措施融为一体作共同设计，实施快速造地。

（7）当今地下工程的大开发，软土地下工程的支护费用居高不下，提出了温州模式的抗浮计算简图，实施永久性的支护结构作共同设计。

3. 温州同力岩土公司从事技术开发与咨询工作（2003 年至今）

出于事业的责任感与探索岩土的奥妙，于 2003 年创建温州同力岩土技术开发公司，先后开发多种实用专利：预制 X 异形桩（专利号：ZL93208720.5），X 异型支护桩结构（专利号：ZL201420749778.8），刚柔性复合挤扩桩（专利号：ZL201120338248.84），倒筏板混凝土地坪（专利号：ZL20102054210X），永久性的抗渗止水幕墙支护结构（专利号：ZL20142053661.4），发明专利：复合桩基及其设计方法（专利号：ZL03116526.5）。

4. 岩土展望与思考

纵观岩土之路，作者倡导了"疏桩基础"和"共同作用"的设计理念，在长期的软地基第一线工程实践中，悟出了"生命土力学"，就是把工程与有生命特征的土体整合在一起，从弹性力学与土力学相结合，研究工程结构与土体本构整合过程相互作用及土的生命体征（应力与应变、蠕变）的力学特性。由于岩土工程的复杂性与奥秘性，如果没有用哲学的思想与观点来看待岩土工程，许多工程问题与现象将难以理解。为此本书在第三部分分别论述了"岩土工程哲学"与"岩土工程共同作用"，而这些章节是建立在下述的岩土工程思考，也是本岩土之路的导航标：

（1）为什么要提倡岩土工程哲学？源于作者亲临下述的一个岩土工程故事而由感而发，因此，提倡哲学思想为岩土工程服务。

（2）为什么要提倡"计算简图"的应用？因为建立计算简图必须去寻找岩土工程实施路径。利用系统成因分析去建立概念性设计，因为它可以判断与验证工程理论与计算与否合理。

（3）为什么把"共同作用"作为实施路径的手段？因为它是揭开岩土体和他们与工程内在联系根基。凡是成功的岩土工程案例，都是寻找到了他们之间"共同作用"内在要素。

（4）为什么必须对"计算简图"作通解分析？因为只有通过统解分析，才能深入揭开事物的内在原本联系，不会陷入窄路。

（5）为什么必须清楚意识到"理论计算"与岩土工程原本的关系？因为岩土是存有诸多不确定的因素和复杂性、奥秘性。很多工程失事是过高估计数值计算。而忽视它是一个系统工程。所以必须同时实施概念性设计和建立信息系统，进行干预。

（6）为什么把"岩土环境"作为当今岩土工程的战略目标？因为它关系到岩土工程可持续发展空间。现在回头一看，一些原本的自然灾害如洪水、地震、沙荒等，由于人类不适当的活动加剧了这种灾害的形成。这就要求人类与自然要和谐相处，要"知其然，又知其所以然，贵在顺其自然"。

5. 一个岩土工程故事

这是一个真实的故事发生在温州，分享给读者。一个花园式商品房小区。工程开工前，放炮庆贺。可老天不作美、地王爷不配合。试桩时，桩顶不停地冒气、冒泡、冒浆。多次邀请专家到现场指导，按专家建议修正也不灵，无奈只得停工长达二个月之久！究其因，请听以下监理单位调查事件报告（摘抄）。

2009 年 5 月 30 日工程试桩以来，浇灌混凝土出现桩顶不停地冒气、冒泡、冒浆离析。建设单位、施工单位、监理单位积极采取行动，分别从地基土样分析、地下水、施工用水水样分析、混凝土原材料化验分析、并采用不同厂家（万丰、海岳、万源、中港、拓邦）的混凝土、改进施工工艺调换施工队伍、以及桩体取芯、桩体动测、桩体静载等多方面寻找原因，并多次邀请专家到现场进行指导，按专家建议做试验，但效果不大，同样都发生灌注后冒浆现象：

（1）6 月 29 日根据建设单位意见，对冒气、冒泡、冒浆离析桩进行动测。

（2）6 月 30 日建设单位召开现场会议有勘察、监理、建设、施工等单位对上述问题进行分析研究，与会初步确定是地下沼气影响，并采取以下措施：暂停施工，通报质监部门邀请专家处理，由勘察单位确定沼气部位与浓度。

（3）7月9日现场召开"六方会议"（勘察单位、监理单位、建设单位、施工单位、检测单位、设计单位）对地下沼气影响进行专项研究讨论。从四个方面着手检查（联系检测单位检查影响部位，勘察地下沼气量及分布，化验施工用水对混凝土有害物，对商品混凝土的配合比、粉煤灰、缓凝剂复检）。

（4）7月22日请来温大某教授及专家进行分析；怀疑土层中合有铝与混凝土起化学反应，经试验土中铝含量正常。另提出三个解决方法：桩的静载荷试验、商品混凝土供应单位的选择、抽芯观检试压。

（5）7月24日建设局等专家到现场对冒气、冒泡、冒浆离析桩进行分析论证，认为与施工工艺有关，通过调换施工队伍、问题仍未解决。

（6）7月31日，请来了温州同力岩土工程技术开发有限公司管总工，在工地现场对桩顶冒气、冒泡、冒浆进行分析。

我奉温州住建委工程技术处处长之邀来到了施工现场，低头一看地质报告，抬头远望，答案就随之出来了！原来是离本工程约500m处另一工地在施打大量的预应力管桩，引起软土地基的孔隙水压力远程传递（有关这一论述已在第15章作介绍），开始我的判断能被人接受，随着时间的推延，孔隙水压力也在慢慢地消散。

其实，在温州振动沉管灌注桩施工时出现的冒气、冒泡、冒浆现象是常事，而"专家们"淡忘又没作科学的分析，就这么判断在淤泥黏土地基中存有沼气之说！这不是天大的笑话吗！淤泥土哪有沼气存在的空间。由于岩土工程的复杂性、奥妙性，竟出现"专家们"被弄得晕头转向、莫衷一是、哭笑不得的闹剧。

这正如太沙基所说的名言："我们想特别强调，没有这样的理论根基，下面说的工程判断便成了无源之水和无本之木"。这就要求岩土工作必须加强理论与实践的结合，加强岩土工程哲学思想，提高工程判断力与逻辑思维。

附录7　温州日报新闻报导——瓯越之子76——记软地基基础专家管自立

温州日报

地方新闻

1996年5月29日　星期三

瓯越之子
——记软地基基础专家管自立

参 考 文 献

[1]　管自立. 疏桩基础//浙江省建筑年会交流资料. 1987

[2]　管自立. 软土地基"疏桩基础"应用实例报告//城市改造中的岩土工程问题学术讨论会文集. 杭州，1990

[3]　管自立. 疏桩基础设计与计算探讨//桩基技术新进展学术讨论会论文集. 宁波，1991

[4]　管自立. 疏桩基础设计实例分析与探讨（一）. 建筑结构，1993，10

[5]　管自立. 疏桩基础设计实例分析与探讨（续）. 建筑结构，1993，11

[6]　管自立. 疏桩基础设计实例分析与探讨（三）—疏桩基础实用设计法//软土地基变形控制设计理与工程实践. 上海：同济大学出版社，1996

[7]　管自立. 疏桩基础双控设计//上海市土木工程学会. 沉降控制指标的复合桩基设计研讨会论文集. 上海，1998

[8]　管自立. 广义复合桩基—疏桩基础设计的若干问题. 建筑结构，2003. 10.

[9]　管自立. 复合桩基及其设计方法：中国，ZL0311652.51. 2005 年 7 月 27 日

[10]　管自立，金国平，张青华. 刚柔性复合桩基特性分析及工程设计 [J]. 建筑，2008. 10

[11]　管自立. 论复合桩基及概念性设计//第四届全国软土地基处理与加固会议（特邀报告）. 厦门，2011

[12]　浙江省工程技术标准. 刚-柔性复合桩基技术规程 DB33/T 1048—2010

[13]　温州同力岩土工程技术开发有限公司，温州市民用建筑规划设计院. "温州西堡锦园工程复合桩基"资料汇编. 2007

[14]　温州东瓯建设集团公司，浙江大学建筑工程学院. 温州地区刚柔性桩复合地基特性研究. 2006. 8

[15]　中国建筑科学研究院地基基础研究所. 软弱地基高层建筑群桩基础工程性状与变形的研究. 1989

[16]　周铭. 弹性桩与弹性梁通解. 岩土工程学报，1982，2

[17]　杨克已等. 基础、桩、土共同作用性状与承载力研究. 岩土工程学报，1988，1

[18]　何正筹等. 温州软土地基灌注桩试验报告. 1985

[19]　Jendeby L. Friction pled foundtions in soft clay-a Study of load tranafer and settlements. Chalmers Universsity of Technology，Geoborg，Sweden，1986

[20]　ПОРОВЫЕ ГИДРОТЕХНИЧЕСКИЕ СООРУЖЕНИЯ ИЗДАТЕЛЬСТВО "МО. РСКОЙТРАНСПОРТ" МОСКВА～1956

[21]　望月董・小林浩. 海洋建筑物の设计と实际

[22]　B. B. Broms. 桩基础发展现状//在深基础工程国际会议开幕式上学术讲话. 浙江省建筑科学研究院

[23]　侯学渊，杨敏主编. 软土地基变形控制设计理论和工程实践. 上海：同济大学出版社，1996

[24]　上海市土木工程学会. 沉降控制指标的复合桩基设计研讨会论文集. 上海，1998

[25]　黄绍明等. 减少沉降量桩基的设计与初步实践 [C] //第六届土力学及基础工程学术会议论文集. 上海：同济大学出版社，1991.

[26]　杨敏. 以控制沉降为设计目标的减少沉降桩基础之研究 [C] // "以沉降量为控制指标的复合桩基设计研讨会" 论文集. 1998.

[27]　宰金珉. 复合桩基理论与应用 [M]. 北京：知识产权出版社，2004.

[28]　郑刚，顾晓鲁. 复合桩基设计若干问题分析 [J]. 建筑结构学报，2000（5）

[29]　龚晓南. 复合地基理论及工程应用 [M]. 北京：中国建筑工业出版社，2007

[30]　刘惠珊，徐攸在. 地基基础工程 283 问. 北京：中国计划出版社，2003

[31]　史佩栋. 关于桩的趣事与轶事，丛谈之 3 [疏桩基础] 的由来. 基础工程，2014 第四期

[32] 李广信. 岩土工程 50 讲-岩坛漫话. 北京：人民交通出版社，2010.

[33] 史佩栋主编. 桩基工程手册. 北京：人民交通出版社，2008

[34] L. 齐法特. 难处理地基的基础工程. 陆焕生，黄秋培，颜颂凯，史佩栋译. 北京：水利出版社

[35] 中华人民共和国行业标准. 建筑桩基技术规范 JGJ 94—2008

[36] 管自立. 软土地基上混合结构设计与计算若干问题的讨论//软土地基处理经验交流会论文. 华东六省部分城市建筑设计院，1983，11

[37] 管自立，韩少华. 软基基础设计一般原理与性状分析//浙江省第五届土力学及地基工程学术讨论会论文集

[38] 管自立. 折板基础//全国第一届"与城镇建设有关的岩土力学工程实例讨论会"论文集. 上海宝钢，1985

[39] 管自立. 软弱地基上的折板基础应用与设计. 建筑结构，1991（5）

[40] 管自立，韩少华. 30%大倾斜危害纠偏工程实例及有关问题的探讨//建筑结构新技术学术讨论会文集. 1992（6）

[41] 管自立，郭宗林. 软土地基上大面积堆载工程实例报告//《基础工程 400 例》. 北京：中国科学技术出版社，1995

[42] 管自立. 一种新型 X 异型桩设计与应用//浙江省第六届土力学及基础工程学术讨论会论文集

[43] 葛尔希诺夫一伯沙道夫. 弹性地基上结构计算.

[44] 长尾义三. 港湾工学.

[45] 建筑结构静力计算手册. 北京：中国建筑工业出版社，1998

[46] 管自立. 柔性高桩岸壁结构简化计算法. 土木工程学报，1962，3

[47] 管自立. 南京港 26 号码头结构形式与计算特点. 水运工程技术情报，1975，6

[48] 管自立. 高桩墩台桩基桩力实用计算法. 水运工程，1976，5

[49] 管自立. 优选法分析多层土坡的稳定本文原载于. 水运工程，1976，5

[50] 管自立. 弹性地基梁的实用计算法. 水运工程，1979，（12）

[51] 管自立. 石砌圆形结构贮液池理论计算. 温州科技，1978，第 3 期

[52] 陈万佳译. 验算土坡稳定时求最危险滑动面的方法. 工程建设. 1955，总 61 期

[53] 谢君斐，刘颖. 多层土坡的稳定分析. 土木工程学报，1964，5

[54] 蔡方荫. 变截面刚构分析（上册）. P281

[55] 冯国栋等. 铅直荷载作用下桩—台共同作用计算模式探讨//第四届土力学及基础工程学术会议论文选集，1984

[56] 陈仲颐等. 土力学. 北京：清华大学出版社，2012

[57] 沈小克等著. 地下水与结构抗浮. 北京：中国建筑工业出版社，2013

[58] 彭柏兴. 一言难尽话抗浮. 中国岩土网，2013.03.10

[59] 软土地区岩土工程勘察规程 JGJ 83—2011

[60] 郭志业等编者. 岩土工程中地下水危害防治

[61] 李学聘. 高桩台岸壁的一般计算法. 土木工程学报，1957，4

[62] 华东水利学院港工教研组. 港口工程学（上册）. 北京：人民交通出版社

[63] 何隽陵，任佐高. 高桩墩式码头桩基桩力计算. 工程建设，1958 年 11 月，总第 104 期

[64] 徐兴玉等. 高桩刚性墩台立体计算. 土木工程学报，1963 年，第 8 期

[65] 铁道部第三设计院大型处编. 铁路桥梁桩基设计. 北京：人民交通出版社，1962

[66] 温州市建筑设计处. 中小型石砌圆形水池设计

[67] 软土地基设计计算理论及处理技术和施工技术. 建筑技术通讯，1978（1）

[68] 管自立，金国平，张清华. 论基坑支护与地下本构共同作用设计. 建筑结构，2014（9）

［69］ 徐芝纶编. 弹性理论

［70］ 黄文熙等. 地基基础的设计与计算

［71］ 史尔毅等编. 弹性支承连续梁在公路桥梁上的应用. 北京：人民交通出版社

［72］ 华罗庚. 优选法平话

［73］ 管自立，林为哨，管光宇. 围海造地综合处理技术//第五届深基础工程发展论坛论文集. 2015. 3，杭州

［74］ 管自立，杨溢洪，管光宇. 永久性地下支护结构技术//第五届深基础工程发展论坛论文集. 2015. 3，杭州

［75］ 管自立. 岩土工程共同作用理论与思考//第五届深基础工程发展论坛论文集. 2015. 3，杭州

［76］ 苗国航主编. 岩土工程纵横谈. 北京：人民交通出版社，2010

［77］ 高大钊著. 土力学与岩土工程师. 北京：人民交通出版社，2010

［78］ ［美］林同炎，S. D. 斯多台斯著. 结构概念和体系. 北京：中国建筑工业出版社，1999